# 使用 AWS 在雲端建置

# Linux

# 伺服器的20堂課

**注意**

- ●本書內容以 2020 年 4 月為止可確認的資訊為基礎。基於雲端服務之特性，當本書到達各位讀者手上時，書中的操作畫面可能已與網頁服務上所顯示的不同，還請見諒。
- ●本書內容以提供資訊為目的。於進行本書寫作範圍內外的各種應用時，各位讀者都應自行判斷並擔負責任。對於本書寫作範圍內外的各種應用結果，本出版社與作者概不負責。此外，為避免學習課程結束後繼續產生服務費用，建議各位儘快刪除 AWS 資源。

# 前言

TRAINOCATE 山下光洋

感謝各位購買本書。這是一本教大家在 AWS 雲端上以 Linux 從零開始建構伺服器的書籍，目的是把零（不曾接觸過）變成一（有接觸過）。

在撰寫時，筆者是以下列將學習雲端及 Linux 的族群為目標對象。

- 想成為 IT 工程師的學生
- 打算轉換跑道成為 IT 工程師的社會人士
- 嘗試從外包改為自製的資訊系統部門人員
- 從非 IT 部門轉調至資訊系統部門的人

至於為何要以 AWS 雲端上的 Linux 伺服器建構為主題，這就要從雲端的部分開始說起了。主要是因為近年來，做為一種系統建構的方式，雲端已成為必不可少的技術。

其次則是 Linux 伺服器的部分，也因為最近微服務及無伺服器架構等伺服器不由開發人員或運用者管理的雲端最佳化結構日益增加的關係。

然而這些也都只是為了達成最佳設計的方法之一。架設伺服器依舊是一種有效的設計方式。甚至有資訊顯示，2018 年 Amazon PrimeDay 購物節啟動多達 426,000 個虛擬伺服器呢！

此外，在將既有系統遷移至雲端時，與其一口氣將所有的設計與功能運作最佳化，選擇姑且先將設計及功能運作原原本本地遷移至雲端的案例也很多。

藉由遷移至雲端，把負責系統運作的人員從硬體管理及更新作業中解放出來，他們就能集中力量為全世界提供更多服務。於是為了持續製作並提供更好的服務以快速解決使用者的困擾，就有越來越多的企業選擇自行營運並開發系統服務。

本書之目的，便是要針對今後將在這類遷移專案或新專案中負責雲端伺服器建構及運作事務的人們，透過實際動手體驗於雲端建構 Linux 伺服器的方式來感受其速度、敏捷性與機動性，藉以瞭解其 IT 技術的優秀之處。

藉由把零變成一，無限的可能性便由此展開。

若能在今後解決各式各樣難題的過程中，對各位的工程師之路有所助益，本人實深感萬幸。

在各位閱讀本書之時，書中所刊載的步驟畫面有可能已改變。

AWS 經常更新內容，某個畫面昨天還有看到，今天往往就已經變得不同。這可說是日益成長的服務的特色之一。畫面不同不代表功能就不一樣。新畫面改善了可操作性，應該會更方便好用才對。

雖然本書也提供了畫面做為操作步驟的參考，但各位並不需要逐一詳記畫面與操作步驟。

建議你應該要在反覆動手操作並查看的過程中，好好瞭解到底有哪些功能可用、做什麼可以得到什麼樣的結果才好。

※ 本書內容是基於 2020 年 4 月為止的資訊。

# Chapter 14
## 第 14 章
## 版本管理也用 AWS

# Chapter 15
## 第 15 章
## 建立容器環境

# Chapter 16
## 第 16 章
## 操作資料庫

# Chapter 17
## 第 17 章
## 建構 WordPress 伺服器

Chapter

# 1

## 環境概要

# Chapter. 1　環境概要

首先説明在本書中使用的環境與技術。

本書使用的是 **Linux** 和 **AWS**。

若你對本章有興趣，那麼可繼續詳讀內容，若你是「總之想先動手試試」的讀者，也可跳過本章，直接從下一章開始實際動手做，待稍有進度後再回頭閲讀本章。

 ## 1.1　Linux 是什麼？

Linux 和 Windows 及 Mac 一樣，是主要的 **OS（作業系統）** 種類之一。若不講究的話，一般都發音為「李那克斯」。

包括一般常見的智慧型手機及路由器、網頁、商業應用程式等各式各樣的裝置，Linux 是一種應用範圍極廣的 OS。

而在詳細解釋 Linux 之前，我們必須先針對開放原始碼做一些説明。

### 1.1. 1　OSS（Open Source Software，開放原始碼軟體）

所謂的開放原始碼軟體，是指將原始碼公開，好讓大家可使用、修改、重複利用的軟體。這類軟體主要是由社群（而非企業）所開發，不過也有企業利用此支援獲取報酬的商業形式存在。

由於是由社群開發，可供大眾自由使用並修改，故能更有效地反映需求、衍生出不同的新軟體，更快速地解決世上的許多問題亦是其主要特色。

Linux 可説就是全世界的工程師們用於解決他們自己遇到的問題、彼此共享回饋意見，並合作開發而成的作業系統。

> 是透過社群開發的方式來迅速解決問題呢！

### 1.1. 2　Linux 的種類

就如前述，由於是以開放原始碼的形式持續進化，因此雖然都通稱 Linux，但實際上並不只有一種，而是有好多種 Linux 存在。

這樣的 Linux 種類叫做發行版（Distribution）。

目前有 **Debian 家族**、**Redhat 家族**及 **SUSE 家族**等不同系列的發行版。

而本書主要操作的是源自 Redhat 家族的 **Amazon Linux 2**。

### 1.1. 3 Linux 的優點

- 可依需求只選擇最基本的功能，達成最精簡的系統建構。

- 可透過指令操作，易於自動化處理。

- 有些完全不需要軟體授權費。

- 支援的軟體眾多。

## 1.2 AWS 是什麼？

AWS（Amazon Web Service）本是為解決 Amazon 公司內部問題而生，但後來為了向全世界提供這種系統架構，於是在 2006 年做為一種 IT 基礎設施服務，開始對外提供。

> 看來只要運用 AWS，就能迅速解決許多難題呢！

### 1.2. 1 AWS 所解決的問題

所謂需要解決的問題，也就是如下這些傳統的內部部署式系統架構的一些限制。

- 不需要硬體時仍必須擁有硬體。

- 硬體的採購很花時間。

- 即使制訂了縝密的計畫，仍無法應付需求的變化。

- 必須配置人員來應付磁碟故障等實體維護工作。

- 無法應付急遽增長的存取量。

Amazon Web Service（AWS）的誕生正是為了解決這類問題，AWS 就是一種於時代的進化及不斷改變的需求中，持續解決新的挑戰的服務。

### 1.2. 2 AWS 的優點

AWS 具有如下的優點特色。

- 不必擁有基礎設施，但卻能在需要時使用需要的量。

- 用多少付多少，不用就不會產生費用。

- 只要短短幾分鐘便能建立起新的伺服器。

- 在需求發生變化時，也能彈性應對、靈活地重新製作。

- 可集中力量於服務的提供，而不必多花力氣在磁碟管理等硬體的效能維護上。

- 可直接回應存取量等需求變化。

## 1.2. 3 透過 AWS 使用 Linux 的優點

AWS 提供各式各樣的服務,而就本書所介紹的透過 AWS 使用 Linux 伺服器的部分來說,具有以下這些優點。

- 可以只在有需要時,啟動所需功能及數量的 Linux 伺服器。

- 不需要的 Linux 伺服器可於數秒內丟棄。

- 只要幾分鐘時間就能建立起新的 Linux 伺服器。

- 當需求改變時,可直接丟棄正在運作中的 Linux 伺服器,然後利用範本重新建立伺服器。

- 可直接使用 Linux 伺服器而不需擔心硬體管理的問題。

- 可在存取量增加時讓 Linux 伺服器自動增加。

也很建議以 LPIC(Linux 的國際證照)為目標的人從這樣的環境開始學習!

# 建構安全的環境

# Chapter. 2　建構安全的環境

那麼事不宜遲，讓我們立刻動手建構環境吧！首先要建立 AWS 帳戶。

已擁有 AWS 帳戶，或是已可使用能啟動 EC2 帳戶的讀者，請直接從「2.2 保護 AWS 帳戶」開始閱讀。

 **2.1　首先要建立 AWS 帳戶**

所謂的 AWS 帳戶，就是各個 AWS 使用者的個別環境。請連上 AWS 帳戶的建立頁面。

https://portal.aws.amazon.com/billing/signup

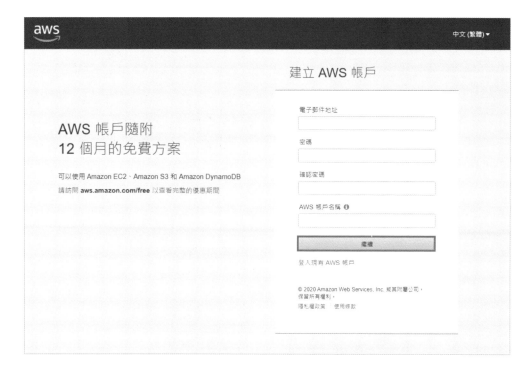

輸入電子郵件地址、密碼、帳戶名稱後，按一下〔繼續〕鈕。

其中密碼必須使用 8 個以上不同於電子郵件地址、帳戶名稱的字元，且需包含大寫字母、小寫字母、數字、符號中 3 種以上的字元。筆者個人所設定的密碼可是多達 20 個字元呢！

而輸入於此的電子郵件地址和密碼，將成為 AWS 帳戶的根使用者（擁有完整權限可存取所有服務及資源的使用者）。

根使用者可在 AWS 帳戶中執行所有操作，而其他人無法限制其權限。

根使用者的電子郵件地址和密碼一旦洩漏，便可能被冒名存取，導致 AWS 帳戶被侵佔。

所以根使用者的密碼一定要設定得很嚴謹，必須是高強度的密碼才行。

此外 AWS 帳戶名稱則是以英文字母設定。

此帳戶是為了學習測試用，故將帳戶類型選為「個人」❶。

若是要供公司組織用於正式營運，請選擇「專業級」。

「全名」請以英文字母輸入（例如：Michael Chen）❷。

「電話號碼」不要加連字號（橫線）或括號等符號（例如：08012345678）❸。

選擇「國家／地區」。

「地址」、「縣市」、「省或地區」都需以英文字母輸入 ❹。

「郵遞區號」可填寫 3 碼也可填 5 碼（例如：123 或 12345）❺。

按一下 AWS 客戶協議連結並閱讀協議內容後，勾選「勾選此欄表示您已閱讀並同意 AWS 客戶協議條款」項目 ❻，再按一下〔建立帳戶並繼續〕鈕 ❼。

在付款資訊頁面輸入信用卡資料後,按一下〔驗證與加入〕鈕。

接著輸入手機號碼,AWS 將發送簡訊以驗證身份。請確保你的手機處於可接收簡訊的狀態。

「手機號碼」不要加連字號(橫線)或括號等符號(例如:08012345678)。

輸入「安全性檢查」部分所顯示的亂數後,按一下〔傳送簡訊〕鈕。

輸入手機所收到的簡訊驗證碼後,按一下〔驗證代碼〕鈕。

這樣就完成了身份確認,按一下〔繼續〕鈕。

Chapter 2 / 建構安全的環境

選取支援計劃

我們提供各種精選方案,滿足您的需求。請依據您的 AWS 用量,選取最適合的支援方案。
若要進一步了解方案比較和定價範例,請按一下這裡。您隨時可以從主控台變更支援方案。

| 基本方案 | 開發人員計劃 | 商業計劃 |
|---|---|---|
| 建議剛開始使用 AWS 的新使用者使用 | 建議測試 AWS 效率的開發人員使用 | 建議在 AWS 上執行的生產工作負載使用 |
| 免費 | 29 USD/月起 | 100 USD/月起 |
| ● 全年無休,自助式參與論壇及存取資源 | ● 營業時間可經由電子郵件聯絡 AWS Support | ● 透過電子郵件、電話和線上聊天,全年無休聯絡技 |

最後要選取支援計劃。在此是做為學習測試用,故選擇免費的基本方案。

若是需要利用技術支援,則可選擇需付費的開發人員計劃。

若要用於正式營運環境者,建議選擇商業計劃。

帳戶建立完成。

幾分鐘內就會收到電子郵件，通知你帳戶已完成啟用。

 **2.2 保護 AWS 帳戶**

建立好 AWS 帳戶後，一開始要先做一些與安全性和費用有關的設定。這些設定不僅能有效防止帳戶被盜用，也能避免過度使用導致費用暴增，故建議各位務必先行完成設定。

為了避免產生意外的費用，請務必先做好相關設定！

**2.2. 1 登入 AWS 帳戶**

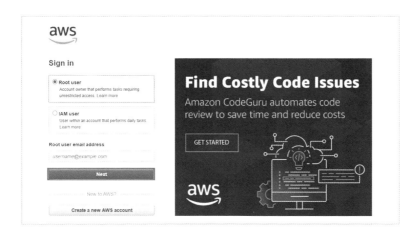

選擇以根使用者（Root user）身份登入，並輸入建立 AWS 帳戶時用的電子郵件地址，然後按一下〔Next〕鈕。

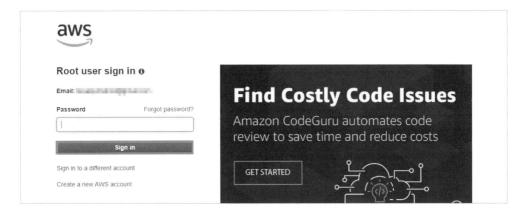

輸入建立 AWS 帳戶時設定的密碼，再按一下〔Sign in〕鈕。

登入成功並進入了管理控制台。

## 2.2.2 開始 IAM 的設定

於「尋找服務」欄位輸入「iam」，並移動至 IAM 的儀表板。IAM 是用來針對 AWS 帳戶內的各個 AWS 服務，定義哪些人分別能做些什麼的存取權限設定功能。

IAM 儀表板會顯示出各種建議事項，而我們將進行其中最基本且必要的根帳戶的 MFA 啟用，以及建立個別的 IAM 使用者。

## 2.2.3 設定根使用者的 MFA

首先設定 **MFA**（Multi Factor Authentication，多重驗證）。藉由 MFA 的設定便能有效提升帳戶的安全性，萬一根使用者的電子郵件地址和密碼洩漏了，也能降低被冒名存取的機率。多重驗證正如其名，就是可設定成在登入 AWS 管理控制台時，不只要輸入電子郵件地址和密碼，還需搭配輸入顯示於智慧型手機等裝置的其他資訊才行。

在此就以智慧型手機的設定方法為例來解說。

按一下安全提醒部分的「啟用 MFA」連結。

▲ 密碼

▼ 多重驗證 (MFA)

使用 MFA 提高 AWS 環境的安全性。登入 MFA 保護的帳戶需要使用者名稱和密碼，以及來自 MFA 裝置的身份驗證代碼。

[ 啟動 MFA ]

▲ 存取金鑰 (存取金鑰 ID 和私密存取金鑰)

展開「多重驗證（MFA）」分類，按一下其中的〔啟動 MFA〕鈕。

管理 MFA 裝置                                                      ✕

選擇要指派的 MFA 裝置類型：

◉ **虛擬 MFA 裝置**
在行動裝置或電腦上安裝的 Authenticator 應用程式

○ **U2F 安全金鑰**
YubiKey 或其他任何相容的 U2F 裝置

○ **其他硬體 MFA 裝置**
Gemalto 符記

如需所支援 MFA 裝置的相關詳細資訊，請參閱 AWS 多重因素認證

取消   [ 繼續 ]

於彈出的交談窗中選擇〔虛擬 MFA 裝置〕後，按一下〔繼續〕鈕。

Chapter 2 / 建構安全的環境

接著替手機安裝好支援 iPhone 及 Android 的 Google Authenticator 或 Authy 等 App。
在此以 Google Authenticator 為例來說明設定方法。
在虛擬 MFA 裝置的設定畫面中,於「2. 使用您的虛擬 MFA 應用程式和裝置的相機來掃描 QR 碼」部分,按一下「顯示 QR 碼」字樣。

在 已 安 裝 Google Authenticator 的 手 機 上, 啟 動 Google Authenticator 後,點一下畫面中的〔＋〕號。

選擇〔掃描 QR 圖碼〕,然後用手機掃描顯示於電腦瀏覽器畫面上的 QR 碼。

寫著「Amazon Web Service」的驗證便會被加入至 Google Authenticator,並顯示出每 30 秒更新一次的 6 位數字。接著在電腦瀏覽器畫面設定虛擬 MFA 裝置的「3. 在下方輸入兩組連續的 MFA 代碼」部分,將連續顯示於手機上的兩組 6 位數字依序輸入於「MFA 代碼 1」和「MFA 代碼 2」欄位,再按一下〔指派 MFA〕鈕。

當瀏覽器顯示出如上畫面，就表示 MFA 設定完成。接下來我們要先登出 AWS，嘗試以 MFA 登入看看。

確定已登出後，按一下〔登入主控台〕鈕以進入登入畫面。

輸入電子郵件地址和密碼來登入。

Chapter 2 ／ 建構安全的環境

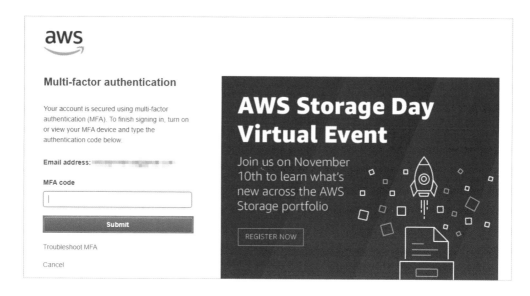

若有正確完成 MFA 設定，這時便會顯示如上的畫面。
請輸入手機上 Google Authenticator 所顯示的 6 位數字，再按一下〔Submit〕鈕。

使用 MFA 登入成功。

## 若設定了 MFA 的手機弄丟了或故障時

在本例這樣利用智慧型手機設定了 MFA 的環境下，一旦該手機弄丟或故障，便會無法存取 Google Authenticator 等 MFA 的 App。
因而導致無法登入 AWS 管理控制台。

但還是有辦法復原的喔！

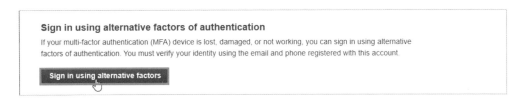

在這種情況下，請於 MFA code 的輸入畫面按一下「Troubleshoot MFA」連結文字。

**Sign in using alternative factors of authentication**

If your multi-factor authentication (MFA) device is lost, damaged, or not working, you can sign in using alternative factors of authentication. You must verify your identity using the email and phone registered with this account.

Sign in using alternative factors

按一下〔Sign in using alternative factors of authentication〕（使用其他元素登入）鈕，就能以根使用者的電子郵件地址和建立 AWS 帳戶時用的電話號碼來確認本人身份，藉此復原帳戶。

### 2.2. 4 建立 IAM 使用者以便安全操作

根使用者的 MFA 安全保護機制已設定完成。

接著要來**建立 IAM 使用者**。在 AWS 帳戶內進行各項操作時，以根使用者來操作是相當危險的，會有洩漏機密的風險。所以要建立專門用來在 AWS 帳戶內進行各項操作的 IAM 使用者。

然後還要賦予權限給所建立的 IAM 使用者，好讓該使用者能查看帳單。

以根使用者身份登入管理控制台後，按一下右上角的帳戶名稱，選擇其中的〔My Account〕。

25

你可自行決定要以哪種貨幣來支付帳單，而若是想把付款貨幣改為其他幣別（預設為美金，且目前無法以台幣付款），那麼可於進入 My Account 後，在「偏好付款貨幣」項目（按一下該項目右上角的「編輯」字樣）進行變更。

## ▼IAM 使用者和角色存取的帳單資訊　　　編輯

您可以給予 IAM 使用者和聯合身份使用者角色許可來存取帳單資訊。這包括存取帳戶設定、付款方式和報告頁面。您可以透過建立 IAM 政策來控制哪些用戶和角色可以查看帳單資訊。如需詳細資訊，請參閱 控制對帳單信息的存取權限。

**IAM 使用者/角色存取帳單資訊已停用。**

接著往下捲動，找到「IAM 使用者和角色存取的帳單資訊」項目。在初始狀態下，IAM 使用者無法存取帳單資訊。請按一下此項目右上角的「編輯」字樣以進行變更。

## ▼IAM 使用者和角色存取的帳單資訊

您可以給予 IAM 使用者和聯合身份使用者角色許可來存取帳單資訊。這包括存取帳戶設定、付款方式和報告頁面。您可以透過建立 IAM 政策來控制哪些用戶和角色可以查看帳單資訊。如需詳細資訊，請參閱 控制對帳單信息的存取權限。

☑ 啟用 IAM 存取

 取消

勾選「啟用 IAM 存取」項目後，按一下〔更新〕鈕。

回到頁面最上端,按一下左上角的「Services」,在顯示出的服務搜尋欄位中輸入「iam」,
以尋找並選擇進入 IAM 的儀表板。

在 IAM 儀表板的左側點選「使用者」項目後,按一下右方內容上端的〔新增使用者〕鈕。

選擇 AWS 存取類型

選取這些使用者存取 AWS 的方式,最後一個步驟中已提供存取金鑰和自動產生的密碼。進一步了解

存取類型*　　　☐　程式設計方式存取
　　　　　　　　　　對於 AWS API、CLI、SDK 和其他開發工具啟用 存取金鑰 ID 和 私密存取金鑰。

　　　　　　　　✔　AWS Management Console 存取
　　　　　　　　　　啟用 密碼,讓使用者能夠登入 AWS 管理主控台。

主控台密碼*　　　○　自動產生的密碼
　　　　　　　　●　自訂密碼

　　　　　　　　[ ●●●●●●●●●●● ]

　　　　　　　　☐　顯示密碼

自行決定並輸入任意使用者名稱。存取類型選為「AWS Management Console 存取」。
密碼則選擇「自訂密碼」後自行輸入。或者也可選擇「自動產生的密碼」,由系統替你自
動生成。
建議你設定複雜的密碼,最好要位數多並摻雜大小寫英文字母與數字、符號。

需要密碼重設　☐　使用者必須在下次登入時建立新的密碼
　　　　　　　　使用者會自動取得 IAMUserChangePassword 政策,以便變更自己的密碼。

在此我們建立的是自己用的 IAM 使用者,故取消「使用者必須在下次登入時建立新的密碼」
項目。
接著按一下〔下一個:許可〕鈕。

按一下〔直接連接現有政策〕鈕,再勾選「AdministratorAccess」政策。

在「篩選政策」搜尋欄位輸入「billing」,找出「Billing」政策並予以勾選。

按一下〔下一個:標籤〕鈕。在此不對標籤設定做任何修改,直接按〔下一個:檢閱〕鈕。

| 類型 | 名稱 |
|------|------|
| 受管政策 | AdministratorAccess |
| 受管政策 | Billing |

這時會顯示出確認畫面,確認各設定項目無誤後,便可按一下〔建立使用者〕鈕。緊接著就會顯示新增使用者成功的訊息,請按一下〔關閉〕鈕,回到 IAM 的使用者一覽畫面。

剛剛新增的 IAM 使用者會被列在一覽表中,請點選其 IAM 使用者名稱。

在「安全登入資料」索引標籤中，按一下「指派的 MFA 裝置」項目裡的「管理」字樣。然後進行和設定根使用者時一樣的 MFA 設定。

於彈出的交談窗中選擇〔虛擬 MFA 裝置〕後按一下〔繼續〕鈕。

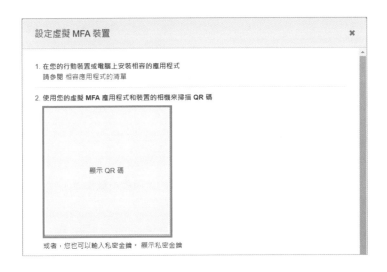

在虛擬 MFA 裝置的設定畫面中，於「2.使用您的虛擬 MFA 應用程式和裝置的相機來掃描 QR 碼」部分，按一下「顯示 QR 碼」字樣。

在 已 安 裝 Google Authenticator 的 手 機 上 ， 啟 動 Google Authenticator 後，點一下畫面中的〔＋〕號。

選擇〔掃描 QR 圖碼〕，然後用手機掃描顯示於電腦瀏覽器畫面上的 QR 碼。

寫著「Amazon Web Service」的驗證便會被加入至 Google Authenticator，並顯示出每 30 秒更新一次的 6 位數字。
接著在電腦瀏覽器畫面設定虛擬 MFA 裝置的「3. 在下方輸入兩組連續的 MFA 代碼」部分，將連續顯示於手機上的兩組 6 位數字依序輸入於「MFA 代碼 1」和「MFA 代碼 2」欄位，再按一下〔指派 MFA〕鈕。

當瀏覽器顯示出如上畫面，就表示 MFA 設定完成。至此，以根使用者登入的操作都已完成。請將 12 位數的帳戶 ID 號碼、IAM 使用者名稱及所設定的密碼記錄在只有自己能夠取得之處後，登出系統。

務必好好利用 MFA 來保護根使用者！

### 2.2. 5 建立帳單警示來確認計費狀況

AWS 是在月底結帳,不過在月中也能查看計費狀況。

一般建議最好先設定帳單警示,以便及早發現一些像是意外使用過量、忘了終止某些資源、AWS 資源被冒名盜用等狀況。

接著就讓我們以剛剛建立的 IAM 使用者登入來進行設定。

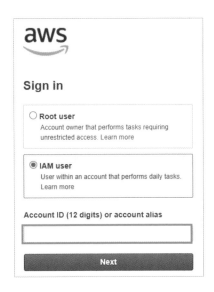

在登入畫面選擇以「IAM user」登入,並輸入 12 位數的帳戶 ID。

按一下〔Next〕鈕後便可輸入 IAM 使用者名稱與其密碼,請輸入剛剛建立的 IAM 使用者名稱及密碼以登入。

**MFA Code:**

| |
|---|

**Submit**

Cancel

繼續是 MFA code 的輸入畫面，請輸入手機上顯示的 6 位數 MFA 代碼。

這次要用的是 Amazon CloudWatch，故搜尋「CloudWatch」並點選以進入該頁面。

按一下右上角的地區選單，選擇「美國東部（維吉尼亞州北部）」。
計費資訊位於維吉尼亞州北部。

於左側點選「計費」項目後，按一下右方內容上端的〔建立警示〕鈕。

進入「指定指標和條件」程序後，按一下「選擇指標」鈕（請注意，在第一次建立此警示前，必須先至 Billing 服務中的「帳單偏好設定」處，勾選「接收帳單提醒」項目後儲存偏好設定，並等待至少 15 分鐘，才能建立警示），點選「所有指標」索引標籤下的「計費」，再點選「預估費用總金額」，勾選所顯示的 USD 貨幣「EstimatedCharges」指標後，按一下右下方的「選擇指標」鈕，便可設定如圖的指標名稱、Currency（貨幣）、統計資料及期間。

接著往下捲動以設定條件。也就是要設定當費用達到多少錢時要發出警報。

由於 AWS 帳戶於建立後一年內可免費使用，大家一定都會想盡可能充分利用，應該會希望在有超出預期的費用產生時收到通知，故在此將警示條件的閾值設為 1USD。

設定好後就按一下〔下一步〕鈕。

接下來設定警示狀態的動作。
在此使用 Amazon Simple Notification Service（SNS）。

請選擇「建立新主題」，而主題名稱則採用預設的「Default_CloudWatch_Alarms_Topic」。
再於「將會收到通知的電子郵件端點」欄位輸入欲收取警示郵件的電子郵件地址。
然後按一下〔建立主題〕鈕。

這時系統會傳送一封確認用的郵件至所指定的電子郵件地址，以確定該郵件信箱願意接收帳
單警示，故請按一下該郵件內容中的「Confirm subscription」連結文字。

Simple Notification Service

**Subscription confirmed!**

You have subscribed breadyAndroid@gmail.com to the topic:
**Default_CloudWatch_Alarms_Topic**.

連至顯示有「Subscription confirmed!」字樣的頁面,就表示確認完成。請回到管理控制台。

在管理控制台畫面中按一下〔下一步〕鈕。

於「警示名稱」欄位替此警示命名。

設定好後就按一下〔下一步〕鈕。

這時會顯示出確認畫面,請按一下〔建立警示〕鈕。

帳單警示便建立完成。

要建立多個階段的警示時，可用同樣步驟進行，但在設定 SNS 主題時選擇「選取現有的 SNS 主題」。

雖然 CloudWatch 的警示每月可免費使用多達 10 個，但並不建議各位建立太多無意義的警示。

如此一來，當有意外費用產生時，系統就會寄電子郵件通知你囉！

# 啟動 AWS 上的 Linux 伺服器

# Chapter. 3 啟動 AWS 上的 Linux 伺服器

##  3.1 EC2 是什麼？

本書是使用 Amazon Elastic Compute Cloud（EC2）來建構 Linux 伺服器。

首先來簡介一下 EC2 到底是什麼樣的服務。

### 3.1. 1 資料儲存不受限

- 可在必要時啟動所需要的伺服器。
- 不需要時可隨時丟棄。
- 僅針對使用期間收費。
- 幾分鐘內就可啟動。
- 可依據各種用途、規模來選擇性能。
- 可從 AMI（Amazon Machine Image）啟動多個具相同配置的伺服器。
- 可搭配 AWS 的其他服務一同運用，易於管理。
- 可啟動於全世界各個地區。

如上所列，EC2 具有各式各樣的優點，尤其是能夠迅速啟動、簡單測試後丟棄這點，在進行如本書這類測試時也非常具吸引力。

接著就讓我們一邊著手啟動 EC2，一邊介紹其主要功能。

##  3.2 建立 EC2 執行個體

請將所謂的執行個體，想成是以 EC2 建構的虛擬伺服器。

首先請登入管理控制台，並進入 EC2 的儀表板。

不論是在管理控制台的尋找服務欄位搜尋，還是從所有服務清單中尋找，都能很快找到
EC2。

首先選擇地區。你可選擇全世界的許多不同地區,在此我們選擇「亞太地區(東京)」。

選好地區後,便可按一下〔啟動執行個體〕鈕,選擇其中的「啟動執行個體」來開始建立執行個體。

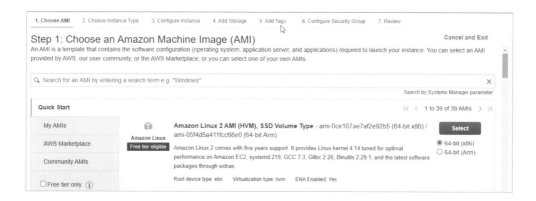

接著要選擇 AMI(Amazon Machine Image)。

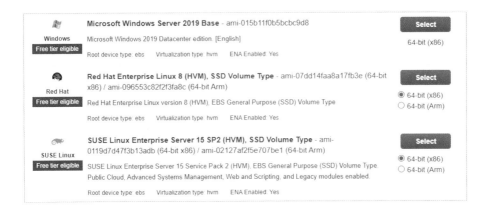

在「Quick Start」索引標籤中往下捲動，便可看到有各種 OS（作業系統）可選擇。

在此我們選擇「**Amazon Linux 2**」。Amazon Linux 2 是 Redhat 家族的發行版。
而 Amazon Linux 2 的配置和 RHEL7、CentOS7 非常類似，故可使用同樣的指令。
此外，這個發行版一開始就安裝有可用來操作 AWS 資源的 AWS CLI 指令列工具，以及可輕鬆管理 EC2 的 AWS Systems Manager 代理程式，所以十分方便好用。

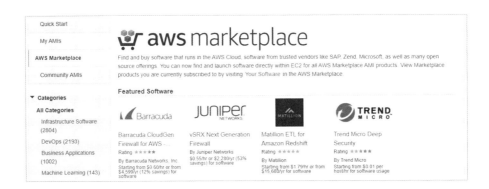

除了「Quick Start」索引標籤下的 AMI 外，「My AMIs」索引標籤下的 AMI 是在 AWS 帳戶內從 EC2 自行建立而成的自訂 AMI，而「AWS MarketPlace」索引標籤下的則是由軟體廠商提供的已事先安裝好軟體的 AMI。
你可以參考看看。

請按一下 Amazon Linux 2 右側的〔Select〕（選取）鈕。

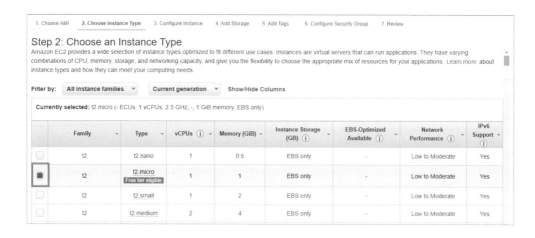

然後要選擇執行個體的類型。你可依據各種用途、性能來選擇。

在此我們選擇於 AWS 帳戶建立後有為期 1 年的免費使用方案的 **t2.micro**。

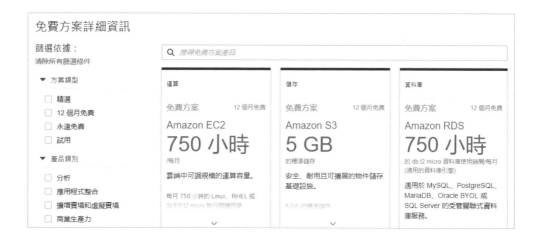

所謂的 AWS 雲端免費方案（https://aws.amazon.com/tw/free/），包括了從建立 AWS 帳戶起的第 1 年期間可免費使用的服務，以及僅限短期間免費試用，還有所有帳戶皆可無限期免費使用的服務。

基本上，本書盡量選擇以第 1 年內有免費使用方案者來進行測試並說明。**但本書仍有用到一些會產生費用的服務，故在使用各項服務前，請務必先確認其價格。**

若你的 AWS 帳戶已使用超過 1 年，有些服務就會被收費，因此也請務必事先確認價格。

選擇「t2.micro」後，按一下右下角的〔Next: Configure Instance Details〕（下一步：設定執行個體詳細資訊）鈕。

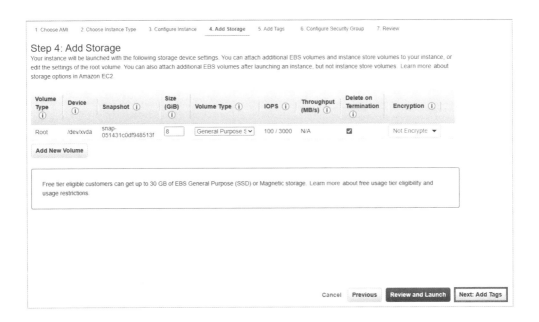

在「Configure Instance Details」(設定執行個體詳細資訊)步驟中,要進行網路配置及啟動時的設定,還有安全許可等設定。

在此請留用預設設定,直接按一下右下角〔Next: Add Storage〕(下一步:新增儲存體)鈕。

在「Add Storage」(新增儲存體)步驟中,要設定的是所用磁碟區的大小及類型。

這部分也留用預設設定,請直接按一下右下角〔Next: Add Tags〕(下一步:新增標籤)鈕。

在「Add Tags」（新增標籤）步驟中可設定標籤。所謂的 Tag（標籤），也就是記號。之後只要一看此標籤，你就會知道這個 EC2 執行個體是為了什麼而啟動的。

請按一下〔Add Tag〕（新增標籤）鈕來新增標籤。

於 Key 欄位輸入「Name」，於 Value 欄位輸入「LinuxServer」。
然後按一下右下角的〔Next: Configure Security Group〕（下一步：設定安全群組）鈕。

在「Configure Security Group」（設定安全群組）步驟中，要針對 EC2 執行個體，設定哪些連接埠允許哪些來源的資料傳輸。

首先將「Assign a security group」（指派安全群組）選為「Create a new security group」（建立新的安全群組）。

「Security group name」（安全群組名稱）可自行任意命名，不過在此請輸入「linux-sg」。
而「Description」（說明）欄位也可自行任意輸入，但在此請輸入「for LinuxServer」。

繼續要設定規則。在此我們選擇使用 SSH（Secure Shell）來存取 EC2 執行個體。
請將 Type 選為「SSH」（若預設即為 SSH，那就維持該設定不動）。
將 Source 選為「My IP」。
藉由選擇「My IP」，便能自動設定為你目前所用電腦的全域 IP 位址。如此便能防止來自其他全域 IP 位址對 SSH 連接埠的攻擊。
按一下右下角的〔Review and Launch〕（檢閱並啟動）鈕。

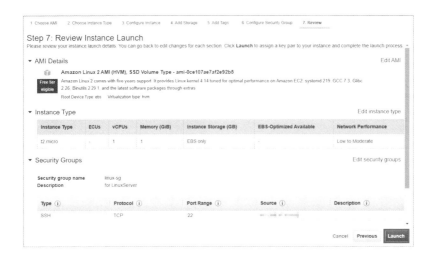

在接下來顯示的確認畫面中，按一下右下角的〔Launch〕（啟動）鈕。

這時會彈出「Select an existing key pair or create a new key pair」（選擇既有的金鑰對或建立新的金鑰對）交談窗，請選擇「Create a new key pair」（建立新的金鑰對），並替金鑰對設定任意名稱，在此請輸入「mykey」。

然後按一下〔Download Key Pair〕（下載金鑰對）鈕。進行 SSH 連線時所需的私密金鑰檔便會被下載至你的本機電腦，請妥善儲存，切勿遺失。

接著再按一下〔Launch Instances〕（啟動執行個體）鈕。

顯示出「Launch Status」（啟動狀態）畫面。請往下捲動後，按一下〔View Instances〕（檢視執行個體）鈕。

點選執行個體便可查看其細節資訊。請確認所建立之 EC2 執行個體已在執行中,再將下方詳細資訊裡的「公有 IPv4 地址」複製並儲存、記錄起來。

 ## 對 EC2 執行個體進行 SSH 連線存取

首先要準備好建立金鑰對時下載至本機的私密金鑰檔。

### 3.3. 1 Windows 的操作方式

在 Windows 中以 SSH 連線的方法有好幾種,在此介紹使用 Tera Term 的做法。

若你的 Windows 用戶端尚未安裝 Tera Term,請先用網頁瀏覽器搜尋「Tera Term」以下載其安裝檔並完成安裝(請自行承擔安裝風險)。

安裝好後,就啟動 Tera Term。

在「Host」欄位輸入 EC2 執行個體的公有 IPv4 地址,按一下〔OK〕鈕。

若彈出「Security Warning」視窗,就勾選「Add this machine and its key to the known hosts list」(將此機器及其金鑰新增至已知主機清單)項目後,按一下〔Continue〕(繼續)鈕。

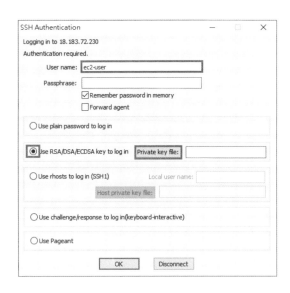

在「User name」欄位輸入「ec2-user」。

ec2-user 是 Amazon Linux 2 啟動時建立的使用者。

點選下方的「Use RSA/DSA/ECDSA key to log in」項目，按一下〔Private key file〕（私密金鑰檔）鈕。

在選取私密金鑰檔的視窗中，先將副檔名切換為「all」（所有檔案），如此一來啟動 EC2 執行個體並建立金鑰對時所下載的 mykey.pem 私密金鑰檔才會顯示出來。請選擇該檔並按〔開啟〕鈕。

在已選好私密金鑰檔的狀態下，按一下〔OK〕鈕。

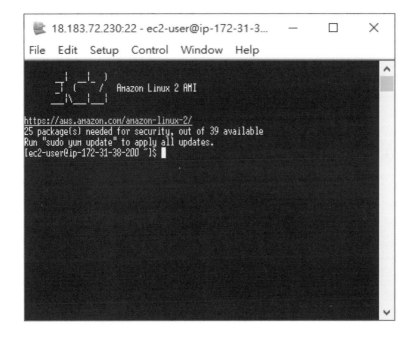

出現如上畫面就表示連線登入成功。而關閉此視窗便可切斷連線。

將下載至本機的 mykey.pem 移動到你覺得方便的目錄下。

例如筆者是移動到主目錄的 .ssh 目錄下。

將其權限設為 600。

```
$ chmod 600 mykey.pem
```

接著便可用 SSH 連線並登入 EC2 執行個體的公有 IPv4 地址（在下例中假設該地址為 11.22.33.44）。

ec2-user 是 Amazon Linux 2 啟動時提供的使用者。

```
$ ssh -i mykey.pem ec2-user@11.22.33.44
```

```
The authenticity of host '11.22.33.44 (11.22.33.44)' can't be established.
ECDSA key fingerprint is SHA256:xxxxxxxxxxxxxxxxxxxxxxxxxxxxxxxxxxxxxxxxxxxx.
Are you sure you want to continue connecting (yes/no)?
```

當以上訊息出現時，請輸入 yes 後按 Enter 鍵。

```
Warning: Permanently added '11.22.33.44' (ECDSA) to the list of known hosts.

    __|  __|_  )
    _|  (     /    Amazon Linux 2 AMI
   ___|\___|___|

https://aws.amazon.com/amazon-linux-2/
16 package(s) needed for security, out of 27 available
Run "sudo yum update" to apply all updates.
[ec2-user@ip-172-31-35-102 ~]$
```

出現如上畫面就表示連線登入成功。而輸入 exit 即可登出。

EC2 執行個體的 linux 伺服器預設可用金鑰對進行安全驗證！

# 3.4 使用 Session Manager 存取 EC2 執行個體

進行 SSH 連線存取時，在操作上會有一些安全性的考量，像是 Windows 必須安裝專用的軟體、一定要儲存私密金鑰、必須在安全群組設定許可 22 號連接埠等。

若是能從管理控制台執行同樣操作，那也不失為一種便利的方式。

為了讓大家知道更多不同做法，前面介紹的是傳統的 SSH 連接方法，不過接下來則要介紹利用相對較新的 Session Manager 來連線的方式。

這個 Session Manager 是 **AWS Systems Manager** 服務的功能之一。

而 Amazon Linux 2 本來就裝有 AWS Systems Manager 代理程式，故只要設定好對 EC2 上 Systems Manager 的存取權限，便能夠加以運用。

## 3.4.1 設定對 EC2 的存取權限

欲設定對 EC2 上 Systems Manager 的存取權限時，必須使用 **IAM 角色**。

請從管理控制台進入 IAM 的儀表板。

所謂的 IAM 角色，就是一種可用來針對 AWS 資源賦予特定權限的元素。

在 IAM 儀表板的左側點選「角色」項目後，按一下右方內容上端的〔建立角色〕鈕。

在「選擇信任的實體類型」部分，點選「AWS 服務」。

然後在下方的「選擇使用案例」部分點選「EC2」。
接著按一下〔下一個：許可〕鈕。

在「篩選政策」旁的搜尋欄位輸入「SSMManaged」，找到 AmazonSSMManagedInstance
Core 政策後，勾選該政策。
按一下〔下一個：標籤〕鈕。

在此不新增標籤，直接按一下〔下一個：檢閱〕鈕。

你可自行決定並輸入角色名稱，在此請輸入「LinuxRole」，再按一下〔建立角色〕鈕。

IAM 角色便建立完成。

以附加 IAM 政策的方式來決定 IAM 角色能做些什麼！

## 3.4.2 將 IAM 角色附加至 EC2

接著要將建立好的 IAM 角色指派給 EC2。請切換至 EC2 的儀表板。

點選左側導覽選單中的「執行個體」項目以檢視執行個體清單。

勾選名為「LinuxServer」的 EC2 執行個體，然後選擇「動作」-「安全性」-「修改 IAM 角色」。

選擇剛剛建立好的「LinuxRole」IAM 角色，按一下〔儲存〕鈕。

IAM 角色便附加完成。

雖然我們已在線上完成 IAM 角色的指派處理,但最好還是重新啟動一下 AWS Systems Manager 代理程式,故接著請重新啟動 EC2(選擇「執行個體狀態」-「重新啟動執行個體」)。

> 你可在線上對執行中的 EC2 執行個體指派 IAM 角色!

### 3.4. 3 使用 AWS Systems Manager 的 Session Manager 連線

至此,必要的設定都已完成,現在就來看看能否用 Session Manager 來連線。

在管理控制台的尋找服務欄位輸入「systems」進行搜尋,找到 Systems Manager 後點選以切換至該頁面。

點選左側導覽選單中的「受管執行個體」項目。
確認右方的受管執行個體清單中是否有列出 LinuxServer。

點選左側導覽選單中的「Session Manager」項目。
按一下右方內容中的〔開始工作階段〕鈕。

點選「LinuxServer」執行個體後,按一下〔開始工作階段〕鈕。

這樣就能在瀏覽器中操作終端機了。而按一下右上角的〔終止〕鈕,即可結束工作階段。

以上便是直接使用 Session Manager 而不用 SSH 登入的做法。

此外自 2019 年 12 月起,AWS 開始提供從 EC2 執行個體清單中選擇 EC2 執行個體後,透過〔連線〕鈕連接 Session Manager 的功能。

就像這樣,AWS 的管理控制台也會不斷改善、更新,變得越來越方便好用。

使用 Session Manager 就能輕鬆安全地進行存取!

## 3.4. 4 變更安全群組(Security Group)

現在我們已能從 Session Manager 連線,故可刪除安全群組的 SSH 連接埠傳入規則。不過就學習測試而言,留下此規則也無所謂,故你也可跳過此步驟。

請切換至 EC2 的儀表板。

點選左側導覽選單中的「安全群組」項目。勾選名為「linux-sg」的安全群組。
按一下「傳入規則」索引標籤中的〔編輯傳入規則〕鈕。

按一下規則右側的〔刪除〕鈕以刪除該規則,再按一下〔儲存規則〕鈕即可。

 ## 3.5 如何終止、停止 EC2 執行個體?

EC2 執行個體的狀態包含有「停止」和「終止」兩種狀態。
其中的「停止」是指暫停。一旦暫停,EC2 執行個體的收費便會暫停,但附加於 EC2 執行個體的 EBS 磁碟區仍會繼續收費。
雖說 EBS 磁碟區也是從帳戶建立起算的 1 年內有 30GB 的免費方案可用,不過一般還是建議養成不需要的資源就盡可能終止(刪除)的好習慣。
EC2 執行個體即使終止(刪除)了,只要重新啟動就能使用。

且由於 IAM 角色、安全群組、金鑰對（雖然沒在用）都已建立並設定完成，故下次啟動 EC2 執行個體時，只要選擇要使用哪些就行了，不必從頭重設。能夠像這樣將資源隨用隨丟，也是 AWS 雲端的優點之一。

當你已安裝了某些軟體、建立了某些程式或 Shell 指令碼等，想將它們留在 EC2 環境中時，就建議你在不使用的時候予以暫停。

此外在目前用不到的情況下，建立 AMI 後予以終止也是一個不錯的選擇。

### 3.5.1 建立 AMI

在管理控制台的 EC2 執行個體儀表板裡，點選左側「執行個體」項目後，於執行個體清單中勾選要建立 AMI 的 EC2 執行個體，再選擇「動作」-「Image and templates」-「建立映像」。

在「建立映像」畫面中，自行決定並輸入「映像名稱」與「映像描述」後，按一下右下方的〔建立映像〕鈕。

Chapter 3 ／ 啟動 AWS 上的 Linux 伺服器

這時會顯示出已成功建立 AMI 的訊息。

請按一下以「ami-」起頭的編號連結來查看。

當「Status」（狀態）欄顯示為「available」，就表示 AMI 已建立完成。

點選 AMI 後按一下〔Launch〕（啟動）鈕，就能啟動以該 AMI 為基礎的 EC2 執行個體。

欲終止某個 EC2 執行個體時，最好在建立其 AMI 後，先試著以該 AMI 為基礎啟動新的 EC2 執行個體，並確認所需資料及軟體、程式等都能正常運作後，再終止原本的 EC2 執行個體。

只要有 AMI，就能隨時啟動同樣的 EC2 執行個體，而且要幾個有幾個！

### 3.5.2 停止 EC2 執行個體

若是想保留 EC2 執行個體的 Linux 伺服器上的資料，以供日後繼續使用，那麼也可選擇停止
（暫停）該執行個體的運作。

在管理控制台的 EC2 執行個體儀表板裡，點選左側「執行個體」項目後，於執行個體清單中
勾選要停止的 EC2 執行個體，再選擇「執行個體狀態」-「停止執行個體」。

這時會顯示交談窗，向你確認是否真要停止執行個體，請按一下〔停止〕鈕即可停止該執行
個體。

| | Name | ▽ | 執行個體 ID | 執行個體狀態 | ▽ | 執行個體類型 | ▽ | 狀態檢查 |
|---|---|---|---|---|---|---|---|---|
| ☑ | LinuxServer | | i-█████████████ | ⊖ 正在停止 ⊕⊖ | | t2.micro | | ⊘ 2/2 項檢查通過 |

「執行個體狀態」欄變成「正在停止」。

Chapter 3 ／ 啟動 AWS 上的 Linux 伺服器

59

當「執行個體狀態」欄顯示為「已停止」時，就表示該執行個體已暫停。

而欲重新啟動該 EC2 執行個體時，請選擇「執行個體狀態」-「啟動執行個體」。

## 如何重新建立 EC2 執行個體？

至此，我們已建立 EC2 執行個體，先嘗試用 SSH 連線，再改用 Session Manager 連線，然後還變更了安全群組。

而隨著你繼續閱讀本書後續內容並執行各項操作、指令，有可能會不小心破壞了系統，甚至遇到無法復原的狀況。

不過別擔心，要是弄壞了、做錯了，就把該執行個體丟棄就行了。本書的最後一章有介紹 EC2 執行個體等 AWS 資源的刪除步驟。

當你操作錯誤，而且無法復原時，請參考最後一章的說明，將該執行個體刪除。

接著參考此處介紹的步驟，建立新的、乾淨的 EC2 執行個體後，再重新嘗試一次。

以下便針對本書的操作練習，說明第 2 次以後的 EC2 執行個體建立步驟。

不用怕犯錯！再重新建立 EC2 執行個體就行了！

在 EC2 儀表板中，先指定地區，再按一下〔啟動執行個體〕鈕，選擇其中的「啟動執行個體」以開始建立執行個體。

選擇「Amazon Linux 2」。

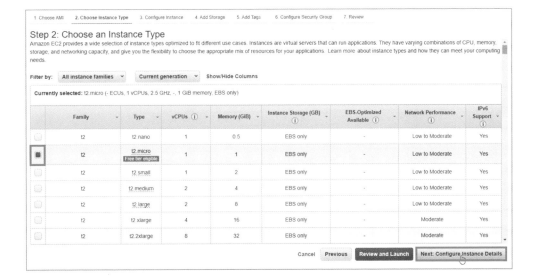

選擇「t2.micro」。

按一下右下角的〔Next: Configure Instance Details〕（下一步：設定執行個體詳細資訊）鈕。

Chapter 3 ／ 啟動 AWS 上的 Linux 伺服器

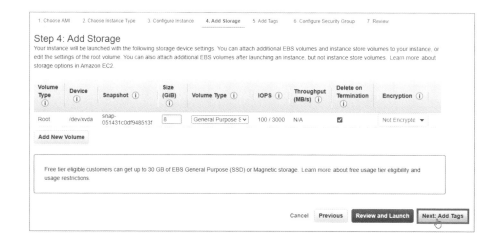

1. Choose AMI 2. Choose Instance Type 3. **Configure Instance** 4. Add Storage 5. Add Tags 6. Configure Security Group 7. Review

## Step 3: Configure Instance Details

Configure the instance to suit your requirements. You can launch multiple instances from the same AMI, request Spot instances to take advantage of the lower pricing, assign an access management role to the instance, and more.

| | |
|---|---|
| Number of instances (i) | 1    ☐ Launch into Auto Scaling Group (i) |
| Purchasing option (i) | ☐ Request Spot instances |
| Network (i) | vpc-▮▮▮▮▮ (default) ▼ C   Create new VPC |
| Subnet (i) | No preference (default subnet in any Availability Zone ▼   Create new subnet |
| Auto-assign Public IP (i) | Use subnet setting (Enable) ▼ |
| Placement group (i) | ☐ Add instance to placement group |
| Capacity Reservation (i) | Open ▼ |
| Domain join directory (i) | No directory ▼ C   Create new directory |
| IAM role (i) | None ▼ C   Create new IAM role |
| CPU options (i) | ☐ Specify CPU options |
| Shutdown behavior (i) | Stop ▼ |
| Stop - Hibernate behavior (i) | ☐ Enable hibernation as an additional stop behavior |
| Enable termination protection (i) | ☐ Protect against accidental termination |
| Monitoring (i) | ☐ Enable CloudWatch detailed monitoring |

Cancel   **Previous**   **Review and Launch**   **Next: Add Storage**

基本上維持預設設定，只需更改「IAM role」（IAM 角色）的設定。

**IAM role** (i)    LinuxRole ▼ C   Create new IAM role

在「IAM role」（IAM 角色）欄位選擇「LinuxRole」。
按一下右下角的〔Next: Add Storage〕（下一步：新增儲存體）鈕。

1. Choose AMI 2. Choose Instance Type 3. Configure Instance 4. **Add Storage** 5. Add Tags 6. Configure Security Group 7. Review

## Step 4: Add Storage

Your instance will be launched with the following storage device settings. You can attach additional EBS volumes and instance store volumes to your instance, or edit the settings of the root volume. You can also attach additional EBS volumes after launching an instance, but not instance store volumes. Learn more about storage options in Amazon EC2.

| Volume Type (i) | Device (i) | Snapshot (i) | Size (GiB) (i) | Volume Type (i) | IOPS (i) | Throughput (MB/s) (i) | Delete on Termination (i) | Encryption (i) |
|---|---|---|---|---|---|---|---|---|
| Root | /dev/xvda | snap-051431c0df948513f | 8 | General Purpose S ▼ | 100 / 3000 | N/A | ☑ | Not Encrypte ▼ |

**Add New Volume**

Free tier eligible customers can get up to 30 GB of EBS General Purpose (SSD) or Magnetic storage. Learn more about free usage tier eligibility and usage restrictions.

Cancel   **Previous**   **Review and Launch**   **Next: Add Tags**

留用預設設定，直接按一下右下角的〔Next: Add Tags〕（下一步：新增標籤）鈕。

| 1. Choose AMI | 2. Choose Instance Type | 3. Configure Instance | 4. Add Storage | **5. Add Tags** | 6. Configure Security Group | 7. Review |

**Step 5: Add Tags**

A tag consists of a case-sensitive key-value pair. For example, you could define a tag with key = Name and value = Webserver.
A copy of a tag can be applied to volumes, instances or both.
Tags will be applied to all instances and volumes. Learn more about tagging your Amazon EC2 resources.

| Key  (128 characters maximum) | Value  (256 characters maximum) | Instances ⓘ | Volumes ⓘ | |
| Name | LinuxServer | ☑ | ☑ | ✖ |

**Add another tag**　(Up to 50 tags maximum)

Cancel　Previous　**Review and Launch**　**Next: Configure Security Group**

按一下〔Add Tag〕（新增標籤）鈕來新增標籤。

於 Key 欄位輸入「Name」，於 Value 欄位輸入「LinuxServer」。

然後按一下右下角的〔Next: Configure Security Group〕（下一步：設定安全群組）鈕。

| 1. Choose AMI | 2. Choose Instance Type | 3. Configure Instance | 4. Add Storage | 5. Add Tags | **6. Configure Security Group** | 7. Review |

**Step 6: Configure Security Group**

A security group is a set of firewall rules that control the traffic for your instance. On this page, you can add rules to allow specific traffic to reach your instance. For example, if you want to set up a web server and allow Internet traffic to reach your instance, add rules that allow unrestricted access to the HTTP and HTTPS ports. You can create a new security group or select from an existing one below. Learn more about Amazon EC2 security groups.

**Assign a security group:**　○ Create a **new** security group
　　　　　　　　　　　　　　◉ Select an **existing** security group

| | Security Group ID | Name | Description | Actions |
|---|---|---|---|---|
| ☐ | sg-a2156eef | default | default VPC security group | Copy to new |
| ☑ | sg-08cb17f372068068d | linux-sg | for LinuxServer | Copy to new |

先將「Assign a security group」（指派安全群組）選為「Select an existing security group」（選取現有安全群組）。

然後點選名為「linux-sg」的安全群組。

按一下右下角的〔Review and Launch〕（檢閱並啟動）鈕。

**Warning**　✖

⚠　Warning
　　You will not be able to connect to this instance as the AMI requires port(s) 22 to be open in order to have access. Your current security group doesn't have port(s) 22 open.

**Continue**

這時會顯示出警告訊息，由於我們預定將使用 SystemsManager 的 Session Manager，所以 SSH 的 22 號連接埠沒開啟也沒關係。

請按一下〔Continue〕（繼續）鈕。

Chapter 3 ／ 啟動 AWS 上的 Linux 伺服器

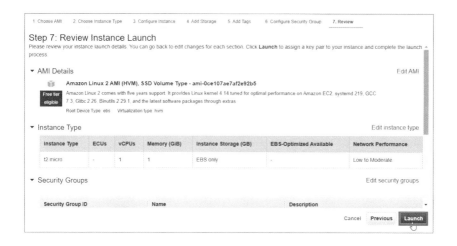

在接下來顯示的確認畫面中，按一下右下角的〔Launch〕（啟動）鈕。

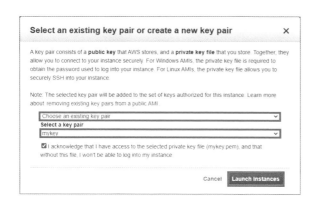

這時會彈出「Select an existing key pair or create a new key pair」（選擇既有的金鑰對或建立新的金鑰對）交談窗，在此雖然也可選擇「Proceed without a key pair」（不使用金鑰對而繼續），但畢竟已有一開始建立好的金鑰對存在，且為了以防萬一，還是請選擇「Choose an existing key pair」（選擇現有的金鑰對），並指定使用「mykey」。勾選下方的確認項目（確認你理解金鑰對的作用與用法）後，按一下「Launch Instances」（啟動執行個體）鈕。

這時會顯示出「Launch Status」（啟動狀態）畫面。
請往下捲動後，按一下〔View Instances〕（檢視執行個體）鈕。

以管理者身份
執行指令

# 以管理者身份執行指令

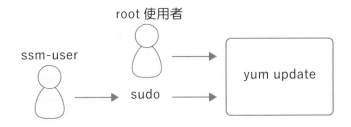

之前我們使用 SSH 登入 EC2 執行個體時，終端機上顯示了「Run "sudo yum update" to apply all updates.」。

此訊息的意思是要我們用「sudo yum update」指令來進行更新作業。

由於其中的「sudo」和「yum」都是非常常用的指令，故本書將在本章和下一章中分別解說。

## 4.1 何謂使用者？

在前一章裡，我們已完成相關設定，能夠用 Session Manager 連線，因此之後都將透過 Session Manager 進行操作。接下來就讓我們一邊實際執行指令，一邊確認其作用。

首先請登入 Session Manager，然後查看一下 Amazon Linux 的使用者清單。

使用者的資訊列在名為 /etc/passwd 的檔案中。我們可用 cat 指令來查看。

```
$ cat /etc/passwd
```

當你要顯示或搜尋文字檔的所有內容時，便可執行 cat 這個指令。而其詳細用法將於後續其他章節中介紹。

**cat /etc/passwd 的輸出結果（/etc/passwd 的內容）**

```
root:x:0:0:root:/root:/bin/bash
bin:x:1:1:bin:/bin:/sbin/nologin
daemon:x:2:2:daemon:/sbin:/sbin/nologin
adm:x:3:4:adm:/var/adm:/sbin/nologin
lp:x:4:7:lp:/var/spool/lpd:/sbin/nologin
sync:x:5:0:sync:/sbin:/bin/sync
shutdown:x:6:0:shutdown:/sbin:/sbin/shutdown
halt:x:7:0:halt:/sbin:/sbin/halt
mail:x:8:12:mail:/var/spool/mail:/sbin/nologin
```

```
operator:x:11:0:operator:/root:/sbin/nologin
games:x:12:100:games:/usr/games:/sbin/nologin
ftp:x:14:50:FTP User:/var/ftp:/sbin/nologin
nobody:x:99:99:Nobody:/:/sbin/nologin
systemd-network:x:192:192:systemd Network Management:/:/sbin/nologin
dbus:x:81:81:System message bus:/:/sbin/nologin
rpc:x:32:32:Rpcbind Daemon:/var/lib/rpcbind:/sbin/nologin
libstoragemgmt:x:999:997:daemon account for libstoragemgmt:/var/run/lsm:/
sbin/nologin
sshd:x:74:74:Privilege-separated SSH:/var/empty/sshd:/sbin/nologin
rpcuser:x:29:29:RPC Service User:/var/lib/nfs:/sbin/nologin
nfsnobody:x:65534:65534:Anonymous NFS User:/var/lib/nfs:/sbin/nologin
ec2-instance-connect:x:998:996::/home/ec2-instance-connect:/sbin/nologin
postfix:x:89:89::/var/spool/postfix:/sbin/nologin
chrony:x:997:995::/var/lib/chrony:/sbin/nologin
tcpdump:x:72:72::/:/sbin/nologin
ec2-user:x:1000:1000:EC2 Default User:/home/ec2-user:/bin/bash
ssm-user:x:1001:1001::/home/ssm-user:/bin/bash
```

如上，使用者清單便顯示了出來。Linux 為了執行各種處理程序，事先內建了一些使用者。
當然你也可自行建立其他使用者。

在第 3 章中，使用 SSH 登入時，我們使用的是名為 ec2-user 的使用者。而透過 Session
Manager 連線時，用的則是名為 ssm-user 的使用者。

現在就讓我們來確認一下目前所登入的使用者是否為 ssm-user。

```
$ whoami
ssm-user
```

顯示為 ssm-user。

由此可知，目前自己所登入的使用者就是名為 ssm-user 的使用者。

接著再執行如下的指令，嘗試列出日誌檔案 /var/log/secure 的內容。

```
$ cat /var/log/secure
cat: /var/log/secure: Permission denied
```

結果顯示出 cat: /var/log/secure: Permission denied。

這代表 ssm-user 因不具有存取 /var/log/secure 檔案的權限而被拒絕（denied）。

Permission 的意思是「許可」，代表了存取權限。而關於權限的查看及設定方法，將於其他章節詳述。

透過 Session Manager 連線時，是以名為 ssm-user 的使用者登入。但有些事情 ssm-user 無法執行。

那麼要是必須執行像這種被拒絕的操作，必須要查看 /var/log/secure 的內容時該怎麼辦呢？這種時候，就要使用 sudo 指令。

讓我們立刻執行看看。

```
$ sudo cat /var/log/secure
```

```
Nov 01 00:18:54 ip-172-31-35-102 sudo: ssm-user : TTY=pts/0 ; PWD=/usr/bin ; USER=root ; COMMAND=/bin/who
Nov 01 00:18:54 ip-172-31-35-102 sudo: pam_unix(sudo:session): session opened for user root by (uid=0)
Nov 01 00:18:54 ip-172-31-35-102 sudo: pam_unix(sudo:session): session closed for user root
Nov 01 03:31:01 ip-172-31-35-102 sudo: ssm-user : TTY=pts/0 ; PWD=/usr/bin ; USER=root ; COMMAND=/bin/cat
/var/log/secure
Nov 01 03:31:01 ip-172-31-35-102 sudo: pam_unix(sudo:session): session opened for user root by (uid=0)
```

這次檔案的內容就顯示出來了。

 ## 4.2 sudo 是個什麼樣的指令？

sudo 這個指令能夠以別的使用者身份來執行指令。

用「sudo -u 使用者名稱」的格式來執行此指令，就能以該使用者的權限執行指令。

而若是省略「-u 使用者名稱」的部分，便會以具有最高權限的 root 使用者來執行。

在剛剛 /var/log/secure 的例子中，我們就是以 root 使用者的身份列出了 /var/log/secure 檔案的內容。

像這樣只在執行時以 root 使用者的權限執行指令，就能使指令的執行更為安全。

接著也來試試以指定使用者的方式執行指令。

```
$ ls /home/ec2-user
ls: cannot open directory /home/ec2-user: Permission denied
```

這個指令是要顯示出 ec2-user 的主目錄中的內容。

但被拒絕執行，因為 ssm-user 沒有權限可列出其他使用者的主目錄內容。

接下來改以 ec2-user 的權限執行看看。

```
$ sudo -u ec2-user ls /home/ec2-user
```

這次就沒有錯誤訊息了。

## 4.2. 1 什麼是 sudoers 檔？

並不是任何使用者都能執行 sudo 指令，只有被許可的使用者才能執行 sudo。

ssm-user 預設就被許可執行。而這項許可的相關設定是在 /etc/sudoers 檔中。

讓我們使用 sudo 來查看 /etc/sudoers 的內容。

```
$ sudo cat /etc/sudoers
```

這時輸出了許多內容，其中有一行如下。

```
%wheel ALL=(ALL) ALL
```

這設定了隸屬於 wheel 這一群組的使用者，都能在所有機器上，以所有使用者的身份，執行所有的指令。

那麼讓我們來確認看看 ssm-user 是否隸屬於 wheel 群組。

```
$ sudo cat /etc/group | grep wheel
wheel:x:10:ec2-user
```

以上指令是用「wheel」字串來篩選設定了群組的 /etc/group 檔案的內容。

結果顯示出「wheel:x:10:ec2-user」，表示只有 ec2-user。

亦即只有 ec2-user 隸屬於 wheel 群組。

再查看一次 /etc/sudoers 檔後發現，在最下面一行有如下的設定存在。

```
#includedir /etc/sudoers.d
```

這代表了也將 /etc/sudoers.d 目錄內的檔案納入為 sudoers 的設定。如此一來,就不必直接修改 sudoers,而能夠安全地設定可執行 sudo 的使用者。

先來看看該目錄內的檔案清單。

```
$ sudo ls /etc/sudoers.d
90-cloud-init-users  ssm-agent-users
```

裡頭共有 90-cloud-init-users 和 ssm-agent-users 這兩個檔案。

讓我們列出 ssm-agent-users 檔的內容。

```
$ sudo cat /etc/sudoers.d/ssm-agent-users
ssm-user ALL=(ALL) NOPASSWD:ALL
```

由此可看出 ssm-user 確實被設定了執行 sudo 的權限。

##  管理使用者

雖然本書都使用 Amazon Linux 2 啟動時就已設定好的 ssm-user、ec2-user 使用者,但在某些營運狀況下,也可能需要分別建立並管理不同的使用者。

故接下來便要為各位介紹一些相關指令。

一起來學習如何新增、變更、刪除使用者!

### 4.3.1 用 useradd 來註冊新的使用者

useradd 是用來在 Linux 上註冊新使用者的指令(依據伺服器的版本不同,ssm-user 和 ec2-user 使用者預設有可能不具有執行 useradd 的權限,這時請在 useradd 之前加上 sudo)。

```
$ useradd mitsuhiro
```

一旦執行 useradd 指令建立新的使用者,系統便會在存放使用者資訊的資料庫檔案中新增帳戶資訊。

## /etc/passwd

**使用者資訊**

```
mitsuhiro:x:1002:1002::/home/mitsuhiro:/bin/bash
```

執行 cat 指令查看 /etc/passwd 檔案的內容，便會看到其中包含了如上這行。這些以「:」（半形冒號）分隔的資訊稱為欄位。

而 /etc/passwd 中的資訊是由以下各欄位所構成。

- 第 1 個欄位：登入名稱
- 第 2 個欄位：密碼。除了使用 /etc/shadow 時會填入 x 外，在其他狀況下都會填入加密的密碼。
- 第 3 個欄位：UID（使用者編號）
- 第 4 個欄位：GID（群組編號）
- 第 5 個欄位：說明
- 第 6 個欄位：主目錄的路徑
- 第 7 個欄位：登入的 Shell

## /etc/shadow

**使用者密碼資訊**

```
mitsuhiro:!!:18328:0:99999:7:::
```

- 第 1 個欄位：登入名稱
- 第 2 個欄位：加密的密碼。「!!」代表未設定
- 第 3 個欄位：密碼的最後變更日期，為自 1970 年 1 月 1 日起算的日數
- 第 4 個欄位：可變更的最短日數
- 第 5 個欄位：密碼的有效日數
- 第 6 個欄位：密碼變更期間的警告通知日
- 第 7 個欄位：從密碼過期後到帳戶變得無法使用的日數
- 第 8 個欄位：帳戶失效日，為自 1970 年 1 月 1 日起算的日數
- 第 9 個欄位：未使用的保留欄位

Chapter 4 ／ 以管理者身份執行指令

# /etc/group

**群組資訊**

```
mitsuhiro:x:1002:
```

- 第 1 個欄位：群組名稱
- 第 2 個欄位：登入群組時的密碼。除了使用 /etc/gshadow 時會填入 x 外，在其他狀況下都會填入加密的密碼。
- 第 3 個欄位：GID（群組編號）
- 第 4 個欄位：以子群組形式隸屬於此群組的成員清單。

在 Amazon Linux 2 的初始狀態下，ec2-user 以子群組的形式隸屬於多個群組。

```
adm:x:4:ec2-user
wheel:x:10:ec2-user
systemd-journal:x:190:ec2-user
```

執行 id 指令就會輸出目前的使用者的資訊。

接著我們要用 newgrp 指令登入子群組，以變更主要群組。

要對非所屬的子群組執行 newgrp 指令時，需要先以密碼登入。而若該群組未設定密碼，就會無法登入群組。

以下便是先試圖以 ssm-user 登入 wheel 群組，但遭到拒絕。

於是切換為 ec2-user 後，查看 ec2-user 的主要群組，接著將其主要群組變更為 wheel，再退出的操作過程。

```
$ newgrp wheel
Password:
Invalid password.

$ sudo su ec2-user
$ id
uid=1000(ec2-user) gid=1000(ec2-user) groups=1000(ec2-user),4(adm),10(wheel),190(systemd-journal)

$ newgrp wheel
$ id
uid=1000(ec2-user) gid=10(wheel) groups=10(wheel),4(adm),190(systemd-journal),1000(ec2-user)

$ exit
$ id
uid=1000(ec2-user) gid=1000(ec2-user) groups=1000(ec2-user),4(adm),10(wheel),190(systemd-journal)
```

# /etc/gshadow

**群組密碼資訊**

```
mitsuhiro:!::
```

- 第 1 個欄位：群組名稱
- 第 2 個欄位：加密的密碼。「!」代表未設定
- 第 3 個欄位：群組管理員的帳戶
- 第 4 個欄位：以子群組形式隸屬於此群組的成員清單。

欲設定群組密碼時，要執行 gpasswd 指令。

```
$ sudo gpasswd wheel
Changing the password for group wheel
New Password:
Re-enter new password:
```

要替群組新增管理員時，請以 gpasswd 指令加上 -A 參數來設定。

```
$ sudo gpasswd -A ssm-user wheel
$ sudo cat /etc/gshadow | grep wheel
wheel:$6$.RAON/JZng8/y$WWeFsJwE9Rwr2Yjd4VhxXhFotSn21Zv3Iq8JijzYHM7FoQsM8c1E51FHXKpSmOOPmnUz7QiDYbs14CNygbkc40:ssm-user:ec2-user
```

## useradd 的選項

執行 useradd 時，有一些選項可指定。若不指定選項，便會以 /etc/default/useradd 檔的設定為預設值。

Amazon Linux 2 的 /etc/default/useradd 內容如下。
只要執行 useradd 指令並加上 -D 選項就能列出這些內容。

```
$ sudo useradd -D
GROUP=100
HOME=/home
INACTIVE=-1
EXPIRE=
SHELL=/bin/bash
SKEL=/etc/skel
CREATE_MAIL_SPOOL=yes
```

Chapter 4／以管理者身份執行指令

而其中，雖説 GROUP=100 指定的是使用者的預設群組，但此處所指定的群組是否確實就會成為使用者預設所屬的群組還取決於 /etc/login.defs 中 USERGROUPS_ENAB 的值。

```
$ sudo cat /etc/login.defs | grep USERGROUP
USERGROUPS_ENAB yes
```

在預設狀態下，USERGROUPS_ENAB 的值為 yes。

當我們用 useradd 指令建立名為 mitsuhiro 的使用者時，系統同時也建立出了名為 mitsuhiro 的群組。

當 USERGROUPS_ENAB 的值為 yes 時，系統就會建立與使用者同名的群組。

而當 USERGROUPS_ENAB 的值為 no，/etc/default/useradd 中 GROUP= 所指定的群組就會成為使用者的主要群組。

```
$ sudo cat /etc/group |grep 100:
users:x:100:
```

HOME=/home 是使用者的主目錄。且系統會在 /home 目錄下建立以使用者名稱為名的目錄。

INACTIVE=-1 是從使用者的密碼失效起算到使用者帳戶失效的日數。
-1 代表無期限。

EXPIRE 是使用者帳戶的有效期限。無值就代表無期限。

SHELL=/bin/bash 是使用者的登入 Shell。SKEL=/etc/skel 是使用者的主目錄的範本。

CREATE_MAIL_SPOOL=yes 則是在建立使用者時，於 /var/spool/mail/ 目錄建立電子郵件儲存檔的設定。

```
$ sudo ls /var/spool/mail
ec2-user  mitsuhiro  rpc  ssm-user
```

這些預設設定都可在執行 useradd 指令時，藉由指定選項的方式來變更。

- -c：指定說明文字
- -d：指定主目錄
- -e：指定帳戶的有效期限

- -f：指定從密碼失效起算到帳戶變得無法使用的日數
- -g：指定主要群組
- -G：指定次要群組
- -k：指定 skel 目錄
- -m：建立主目錄
- -M：不建立主目錄
- -s：指定登入的 Shell
- -u：指定 UID

## 用新建立的使用者進行 SSH 登入

關於登入 Linux 伺服器的部分，就如「3.3 對 EC2 執行個體進行 SSH 連線存取」中所介紹的，Amazon Linux 2 預設是使用私密金鑰檔來進行 SSH 存取。

這是因為，比起只用使用者名稱和密碼就能登入的方式，使用私密金鑰檔會比較安全。

接著就來說明，如何針對以 useradd 指令新增的使用者，進行金鑰對的設定。

以下介紹的是建立全新金鑰對的做法。

## 建立金鑰對

以瀏覽器連上 AWS 管理控制台的 EC2 儀表板，於左側選單點選「金鑰對」項目。

按一下右上角的〔建立金鑰對〕鈕。

替新增的使用者設定其金鑰對的檔名，並將檔案格式選為「pem」後，按一下右下角的〔建立金鑰對〕鈕。此時瀏覽器會自動下載該私密金鑰檔，請妥善保存。

接下來要在用戶端取得公開金鑰。而依據用戶端為 Mac、Linux 或 Windows 等不同作業系統，其操作步驟也會不太一樣。

## 取得公開金鑰（Mac、Linux）

將下載至本機的私密金鑰檔移到 .ssh 目錄下，並將其權限變更為 600。

假設私密金鑰是被下載至 Downloads 目錄，則操作指令如下。

```
$ mv ~/Downloads/mitsuhiro.pem ~/.ssh/
$ chmod 600 ~/.ssh/mitsuhiro.pem
$ ssh-keygen -y -f ~/.ssh/mitsuhiro.pem
```

這時就會輸出如下的公開金鑰，請把它複製並儲存起來。

```
ssh-rsa
AAAAB3NzaC1yc2EAAAADAQABAAAABAQCkexfTzmEkw4Q/YsDPo1papnLHe3rI1aFGD9cikTWI9/
itLgg8Rd7fyFiB2I2gUaBm7PJyOAuB6xIE3FMn2QnNGfE2JidJSAGRGZe6cfikq7S84VTkozLn
cv329E1INf385MFHQJSMEShT7wM3/Yxvd7txWGAkAGXHTOe3XoHCSqtGP7lWwudGxdNhTOF2Tb
eEBtPDTn9qF3U1I/LT2LJQbj46JiRP6Rwjv+aX2VFId/vCOCr9GJuInKiakkd3OwIfPwWPBh6vg/
A3zzIJaNls4OrzPQw8zslisE7gTlrOXR/cFwk3YOR+Nigpr2K9dkou+hzpToppabYvaq99dTSX
```

## 取得公開金鑰（Windows）

在 Windows 上安裝 Putty。請上網搜尋 Putty 並下載安裝。

| | | | |
|---|---|---|---|
| 🔳 putty.exe | 2020/6/21 下午 05:39 | 應用程式 | 861 KB |
| 🔳 puttygen.exe | 2020/6/21 下午 05:39 | 應用程式 | 391 KB |
| 📄 README.txt | 2020/6/21 下午 05:30 | 文字文件 | 2 KB |
| 🔵 website | 2020/6/21 下午 05:30 | 網際網路捷徑 | 1 KB |

安裝完成後，安裝資料夾（預設為 C:\Program Files\PuTTY）裡就會有個 puttygen.exe 檔，請雙按啟動之。

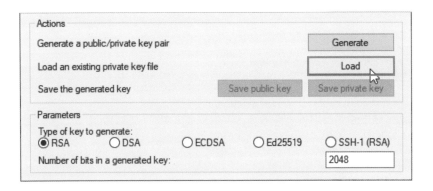

在彈出的交談窗中按一下〔Load〕鈕，將檔案類型選為所有檔案（All Files），然後選取先前下載的 .pem 檔。

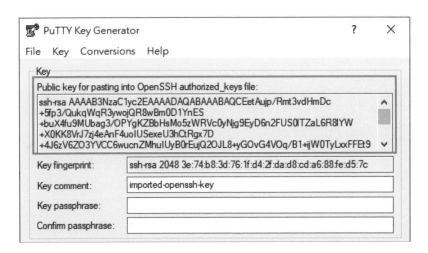

接著公開金鑰就會顯示在「Public key for pasting into OpenSSH authorized_keys file」欄位中，請把它複製並儲存起來。

## 替使用者設定公開金鑰

請用 Session Manager 連上 Amazon Linux 2 以進行操作。

我們要把使用者變更為新建立的使用者、建立 .ssh 目錄、變更權限、建立 authorized_keys 檔,再變更權限。

```
$ sudo su - mitsuhiro
$ mkdir .ssh
$ chmod 700 .ssh
$ touch .ssh/authorized_keys
$ chmod 600 .ssh/authorized_keys
```

然後以附加模式(Append Mode)執行 cat 指令。

```
$ cat >> .ssh/authorized_keys
```

這時會進入等待狀態,請把剛剛複製的公開金鑰內容全部貼上後,依序按下 Enter 鍵、Ctrl ＋ D 鍵。

檢查是否已確實貼上。

```
$ cat .ssh/authorized_keys
ssh-rsa
AAAAB3NzaC1yc2EAAAADAQABAAAABAQCkexfTzmEkw4Q/YsDPo1papnLHe3rI1aFGD9cikTWI9/
itLgg8Rd7fyFiB2I2gUaBm7PJyOAuB6xIE3FMn2QnNGfE2JidJSAGRGZe6cfikq7S84VTkozLn
cv329E1INf385MFHQJSMEShT7wM3/Yxvd7txWGAkAGXHTOe3XoHCSqtGP7lWwudGxdNhTOF2Tb
eEBtPDTn9qF3U1I/LT2LJQbj46JiRP6Rwjv+aX2VFId/vCOCr9GJuInKiakkd3OwIfPwWPBh6vg/
A3zzIJaNls4OrzPQw8zslisE7gTlrOXR/cFwk3YOR+Nigpr2K9dkou+hzpToppabYvaq99dTSX
```

最後依照「3.3 對 EC2 執行個體進行 SSH 連線存取」中介紹的步驟,確認能否以新建立的使用者進行 SSH 的連線存取。

新建立的使用者也能用金鑰對來驗證囉!

## 使用帳戶名稱和密碼登入 Amazon Linux 2

就如前述,一般建議使用帳戶名稱加私密金鑰的方式登入,以達到較安全的登入控管。

而雖然不建議只用帳戶名稱和密碼進行 SSH 連線登入,但在此仍為各位說明一下如何許可這種做法。

首先要為使用者設定密碼。要設定密碼時,請使用 passwd 指令。

```
$ sudo passwd mitsuhiro
Changing password for user mitsuhiro.
New password:
Retype new password:
passwd: all authentication tokens updated successfully.
```

在預設狀態下,Amazon Linux 2 不允許只用帳戶名稱和密碼進行 SSH 連線登入。

而可否以此方式連線,是由 /etc/ssh/sshd_config 檔中的 PasswordAuthentication 參數來指定。

```
$ sudo cat /etc/ssh/sshd_config | grep PasswordAuthentication

#PasswordAuthentication yes
PasswordAuthentication no
# PasswordAuthentication.  Depending on your PAM configuration,
# PAM authentication, then enable this but set PasswordAuthentication
```

以「#」起頭的是被註解掉(被設為註解內容,故不會發揮作用)的行。

而在未被註解掉的行中,指定了「PasswordAuthentication no」。

這表示系統不允許以密碼進行 SSH 連線登入。此時可用 sed 指令來取代指定字串,藉此變更設定。

```
$ sudo sed -i -e "s/PasswordAuthentication no/PasswordAuthentication yes/
g" /etc/ssh/sshd_config
```

接著重新啟動 SSH 服務。

```
$ sudo service sshd restart
```

嘗試以密碼進行 SSH 連線登入。Mac、Linux 用戶端直接使用 ssh 指令,不附加選項。

```
$ ssh mitsuhiro@12.34.56.78
mitsuhiro@12.34.56.78's password:
```

若為 Windows,則可透過 Teraterm 等軟體,以使用者名稱和密碼登入。

一般來說,以金鑰對來驗證會比用密碼登入更妥當。但若你無論如何都想使用密碼,那麼可考慮替密碼設定有效期限來增進安全性。

有效期限的設定可用 chage 指令達成。

```
$ chage mitsuhiro
chage: Permission denied.
sh-4.2$ sudo chage mitsuhiro
Changing the aging information for mitsuhiro
Enter the new value, or press ENTER for the default

        Minimum Password Age [0]: 1
        Maximum Password Age [99999]: 31
        Last Password Change (YYYY-MM-DD) [2020-03-08]:
        Password Expiration Warning [7]:
        Password Inactive [-1]: 0
        Account Expiration Date (YYYY-MM-DD) [-1]: 2020-12-31
```

chage 指令可更新 /etc/shadow 檔中的各個欄位。

## 4.3. 2 用 usermod 來變更使用者

欲更改已建立的使用者時，請使用 usermod 指令。你可透過指定參數的方式來變更使用者的特定內容。

而可供指定的主要參數如下。

- -c：變更說明文字。
- -g：變更主要群組。
- -G：變更次要群組。
- -a：新增次要群組。
- -u：變更使用者編號。
- -d：變更主目錄。
- -l：變更登入名稱。
- -L：鎖住使用者。
- -U：將使用者解鎖。

## 4.3. 3 用 userdel 來刪除使用者

欲刪除使用者時，請使用 userdel 指令。只要加上 -r 選項，還能把主目錄也一併刪除。

```
$ sudo userdel -r mitsuhiro
```

執行安裝動作

# Chapter. 5 執行安裝動作

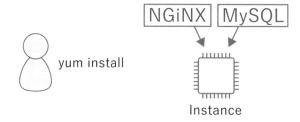

接下來要為各位介紹的是「yum」這個指令。

yum 簡單來說，就是用於執行安裝、更新、解除安裝等動作的套件管理指令。

## 5.1 yum 的格式

```
yum 選項 指令 套件名稱
```

以 ssm-user 執行時，需加上 sudo。

## 5.2 yum 的主要指令

```
yum install 套件名稱
```

安裝指定的套件。

```
yum update 套件名稱
```

更新指定的套件。

```
yum erase 套件名稱
```

將指定的套件解除安裝。

### 5.2. 1 使用 install 指令

讓我們來嘗試安裝 Apache Web 伺服器。

加上 sudo，就能以管理員的權限來執行指令。

```
$ sudo yum install httpd
```

```
Loaded plugins: extras_suggestions, langpacks, priorities, update-motd
amzn2-core
```

這樣就能將該外掛程式從儲存庫載入。

```
Resolving Dependencies
~ 中略 ~
Dependencies Resolved
```

yum 指令會自動解決依存性的問題。

所謂的依存性，就是在安裝或更新某個套件時，有可能必須一併安裝或更新其他相關套件，
而這些相關套件也稱為依存項目。

```
Total download size: 1.8 M
Installed size: 5.1 M
Is this ok [y/d/N]: y
```

系統會先顯示依存項目的下載大小、安裝大小供你確認，請於確認後輸入「y」表示同意
安裝。

Installed:
已安裝套件的一覽清單。

Dependency Installed:
已安裝的依存項目清單。

Complete!
表示已成功安裝完成。

你也可以在一開始執行安裝指令時就加上「-y」選項，這樣就不必於安裝過程中輸入 y 來表
示同意。

Chapter 5 / 執行安裝動作

## 5.2.2 執行 update 指令

接著來嘗試執行「sudo yum update」。

使用 yum update 指令,就能將套件更新至最新版本!

```
$ sudo yum update
```

此指令會進行已安裝套件的更新處理。依 AMI 的狀態不同,系統有可能會執行許多更新並輸出大量日誌記錄。

若無特殊理由,一般來說將套件更新至最新版本會比較安全妥當。

```
Install    2 Packages (+1 Dependent package)
Upgrade   37 Packages

Total download size: 46 M
```

系統會顯示出將安裝的套件和將更新套件的摘要資訊, 讓你指定是否要安裝 / 更新。
輸入 y 表示同意後,系統就會開始安裝 / 更新。

Downloading packages:
開始下載要安裝的套件。

Installed:
已安裝套件的一覽清單。

Dependency Installed:
已安裝的依存項目清單。

Updated:
已更新的套件。

Complete!
表示已成功更新完成。

而由 yum 指令所進行的安裝處理日誌記錄會留存於 /var/log/yum.log 中。
讓我們來確認看看。

```
$ sudo cat /var/log/yum.log
```

```
Nov 01 10:22:47 Updated: 1:openssl-libs-1.0.2k-19.amzn2.0.1.x86_64
Nov 01 10:22:49 Updated: python-libs-2.7.16-4.amzn2.x86_64
Nov 01 10:22:49 Updated: python-2.7.16-4.amzn2.x86_64
Nov 01 10:22:49 Updated: rpm-libs-4.11.3-40.amzn2.0.3.x86_64
Nov 01 10:22:49 Updated: rpm-4.11.3-40.amzn2.0.3.x86_64
Nov 01 10:22:49 Updated: file-libs-5.11-35.amzn2.0.1.x86_64
Nov 01 10:22:49 Updated: openssh-7.4p1-21.amzn2.0.1.x86_64
Nov 01 10:22:49 Updated: 32:bind-license-9.11.4-9.P2.amzn2.0.2.noarch
Nov 01 10:22:49 Updated: 32:bind-libs-lite-9.11.4-9.P2.amzn2.0.2.x86_64
Nov 01 10:22:49 Updated: 12:dhcp-libs-4.2.5-77.amzn2.1.1.x86_64
Nov 01 10:22:49 Updated: 12:dhcp-common-4.2.5-77.amzn2.1.1.x86_64
Nov 01 10:22:49 Updated: 32:bind-libs-9.11.4-9.P2.amzn2.0.2.x86_64
Nov 01 10:22:49 Updated: rpm-build-libs-4.11.3-40.amzn2.0.3.x86_64
Nov 01 10:22:49 Installed: python2-rpm-4.11.3-40.amzn2.0.3.x86_64
Nov 01 10:22:50 Installed: 32:bind-export-libs-9.11.4-9.P2.amzn2.0.2.x86_64
Nov 01 10:22:50 Updated: 2:microcode_ctl-2.1-47.amzn2.0.4.x86_64
Nov 01 10:22:50 Updated: libsss_idmap-1.16.4-21.amzn2.x86_64
Nov 01 10:22:50 Updated: libsss_nss_idmap-1.16.4-21.amzn2.x86_64
Nov 01 10:22:50 Updated: sssd-client-1.16.4-21.amzn2.x86_64
Nov 01 10:22:53 Installed: kernel-4.14.154-128.181.amzn2.x86_64
Nov 01 10:22:53 Updated: 12:dhclient-4.2.5-77.amzn2.1.1.x86_64
Nov 01 10:22:54 Updated: yum-3.4.3-158.amzn2.0.3.noarch
Nov 01 10:22:54 Updated: 32:bind-utils-9.11.4-9.P2.amzn2.0.2.x86_64
Nov 01 10:22:54 Updated: openssh-clients-7.4p1-21.amzn2.0.1.x86_64
Nov 01 10:22:54 Updated: openssh-server-7.4p1-21.amzn2.0.1.x86_64
Nov 01 10:22:54 Updated: file-5.11-35.amzn2.0.1.x86_64
Nov 01 10:22:54 Updated: rpm-plugin-systemd-inhibit-4.11.3-40.amzn2.0.3.x86_64
Nov 01 10:22:54 Updated: python-devel-2.7.16-4.amzn2.x86_64
Nov 01 10:22:54 Updated: libevent-2.0.21-4.amzn2.0.3.x86_64
Nov 01 10:22:54 Updated: 1:openssl-1.0.2k-19.amzn2.0.1.x86_64
Nov 01 10:22:54 Updated: rsyslog-8.24.0-41.amzn2.2.1.x86_64
Nov 01 10:22:55 Updated: tzdata-2019c-1.amzn2.noarch
Nov 01 10:22:55 Updated: libjpeg-turbo-1.2.90-6.amzn2.0.3.x86_64
Nov 01 10:22:55 Updated: 1:system-release-2-11.amzn2.x86_64
Nov 01 10:22:55 Updated: unzip-6.0-20.amzn2.x86_64
Nov 01 10:22:55 Updated: cloud-utils-growpart-0.31-2.amzn2.noarch
Nov 01 10:22:55 Updated: ec2-utils-1.0-2.amzn2.noarch
Nov 01 10:22:55 Updated: libseccomp-2.4.1-1.amzn2.x86_64
Nov 01 10:22:56 Updated: binutils-2.29.1-29.amzn2.x86_64
Nov 01 10:22:56 Updated: kernel-tools-4.14.154-128.181.amzn2.x86_64
Nov 01 10:22:56 Erased: rpm-python-4.11.3-25.amzn2.0.3.x86_64
```

這裡頭就是單純儲存了已安裝套件、已更新套件，還有已刪除套件的日誌記錄。

Chapter 5 ／ 執行安裝動作

### 5.2. 3 不需要的套件就用 erase 指令刪除

如果你不小心裝錯了套件，那麼可用 erase 來解除安裝。現在就讓我們來試著把剛剛安裝的 Apache Web 伺服器給移除。輸入以下指令後，再輸入 y 表示同意移除，即可解除安裝。

```
$ sudo yum erase httpd
```

```
Removed:
  httpd.x86_64 0:2.4.41-1.amzn2.0.1

Dependency Removed:
  mod_http2.x86_64 0:1.15.3-2.amzn2

Complete!
```

已安裝的依存項目也會被一併移除。

 ## 5.3　amazon-linux-extras

Amazon Linux 2 具有名為 amazon-linux-extras 的儲存庫，可提供新版本的套件。依據所使用的軟體不同，有時你可能會想指定比儲存庫中的版本還要新的特定版本。
這時，若該版本是 amazon-linux-extras 裡有的，就可在 Amazon Linux 2 上安裝。
讓我們先看看 amazon-linux-extras 裡頭到底有些什麼。

```
$ amazon-linux-extras list
```

由於輸出結果很不容易查看，故以下將多個次要版本予以省略。

```
 0   ansible2              available     [ =2.4.2  ,, ]
 2   httpd_modules         available     [ =1.0 ]
 3   memcached1.5          available     [ =1.5.1  ,, ]
 5   postgresql9.6         available     [ =9.6.6  ,, ]
 6   postgresql10          available     [ =10 ]
 8   redis4.0              available     [ =4.0.5  ,, ]
 9   R3.4                  available     [ =3.4.3 ]
10   rust1                 available     [ =1.22.1 ,, ]
11   vim                   available     [ =8.0 ]
```

```
13  ruby2.4                available   [ =2.4.2 ,,, ]
15  php7.2                 available   [ =7.2.0 ,,, ]
16  php7.1                 available   [ =7.1.22 ,,, ]
17  lamp-mariadb10.2-php7.2 available  [ =10.2.10_7.2.0  ,,, ]
18  libreoffice            available   [ =5.0.6.2_15  ,,, ]
19  gimp                   available   [ =2.8.22 ]
20  docker=latest          enabled     [ =17.12.1  ,,, ]
21  mate-desktop1.x        available   [ =1.19.0  ,,, ]
22  GraphicsMagick1.3      available   [ =1.3.29  ,,, ]
23  tomcat8.5              available   [ =8.5.31  ,,, ]
24  epel                   available   [ =7.11 ]
25  testing                available   [ =1.0 ]
26  ecs                    available   [ =stable ]
27  corretto8              available   [ =1.8.0_192  ,,, ]
28  firecracker            available   [ =0.11 ]
29  golang1.11             available   [ =1.11.3  ,,, ]
30  squid4                 available   [ =4 ]
31  php7.3                 available   [ =7.3.2  ,,, ]
32  lustre2.10             available   [ =2.10.5 ]
33  java-openjdk11         available   [ =11 ]
34  lynis                  available   [ =stable ]
35  kernel-ng              available   [ =stable ]
36  BCC                    available   [ =0.x ]
37  mono                   available   [ =5.x ]
38  nginx1                 available   [ =stable ]
39  ruby2.6                available   [ =2.6 ]
40  mock                   available   [ =stable ]
41  postgresql11           available   [ =11 ]
```

在筆者撰寫本文時，系統所顯示的清單如上。現在來嘗試安裝 php7.3。

```
$ sudo amazon-linux-extras install php7.3 -y
```

```
Installed:
  php-cli.x86_64 0:7.3.11-1.amzn2.0.1          php-fpm.x86_64 0:7.3.11-1.amzn2.0.1
php-json.x86_64 0:7.3.11-1.amzn2.0.1
  php-mysqlnd.x86_64 0:7.3.11-1.amzn2.0.1      php-pdo.x86_64 0:7.3.11-1.amzn2.0.1

Dependency Installed:
  php-common.x86_64 0:7.3.11-1.amzn2.0.1
```

安裝完成。

由於在筆者撰寫本文時，若在 Amazon Linux 2 上以 yum 指令安裝 php，所安裝的版本為 php5.4，因此若遇到必須使用 php7.3 的情況，就能利用 amazon-linux-extras 來處理。

**5.4　以 RPM 指令分別管理各個套件**

要分別管理各個套件時，就使用 rpm 指令。你可以指定選項以進行安裝、解除安裝等操作。

## 安裝 / 升級模式

- -i：安裝套件　● -U：升級套件（若無，則進行安裝）　● -F：若已安裝此套件，就進行升級

你還可進一步附加併用選項。

- v：顯示詳細資訊　　● h：以「#」顯示進度　　● --nodeps：安裝時忽略依存項目

以下為此模式的執行格式舉例。

```
$ rpm -ivh RPM 套件名稱
```

## 查詢模式

- -q：查詢已安裝的套件

可進一步附加的併用選項如下。

- a：顯示所有已安裝的套件　● p：指定查詢特定套件　● c：僅顯示設定檔
- i：顯示套件資訊　　　　　● --changelog：顯示變更日誌記錄

以下為此模式的執行例子。
Amazon Linux 2 也能夠執行這些安裝、查詢動作，請各位務必自行嘗試看看。

```
$ rpm -qa
libfastjson-0.99.4-2.amzn2.0.2.x86_64
kbd-misc-1.15.5-13.amzn2.0.2.noarch
krb5-libs-1.15.1-20.amzn2.0.1.x86_64
libgcc-7.3.1-6.amzn2.0.4.x86_64
glib2-2.56.1-4.amzn2.x86_64

～後略～
```

 **5.5　apt-get**

Amazon Linux 2 是以 yum 指令來管理套件，但 Ubuntu 等 Debian 家族的 Linux 發行版則是使用 apt-get 指令來處理套件的管理工作。

# 透過終端機（Terminal）進行指令操作

# Chapter. 6 透過終端機（Terminal）進行指令操作

Instance

從下一章起，我們將一邊以終端機實際執行指令，一邊瞭解各指令的效果、作用。但在那之前，本章要先介紹一些具代表性的終端機操作方法。

## 6.1 實用功能介紹

### 6.1.1 如何移動游標？

要在終端機上移動可輸入文字的游標時，你當然可以按鍵盤上的 ← 或 → 方向鍵多次來達成移動的目的。

但其實還有一些快速鍵可幫助你更簡單迅速地移動游標或剪下文字等，在此就為各位介紹如下。請自行於終端機上隨意輸入一些文字，實際以這些快速鍵操作看看。

- Ctrl + a 移至行首
- Ctrl + e 移至行末
- Ctrl + u 剪下從行首至游標為止的內容
- Ctrl + k 剪下從游標至行末為止的內容
- Ctrl + y 將最後一次剪下的內容插入至游標所在位置

剪下後若未使用 Ctrl + y 插入，就等同刪除。

### 6.1.2 使用完成功能

於終端機上輸入指令或檔名的過程中，按一下 Tab 鍵，就會有候選項目列出供你選擇，又或是若建議的項目只有 1 個，則會直接自動輸入於後方。舉例來說，像第 5 章中的 amazon-linux-extras 等指令很長，一般人很難記住。

這時就可以只輸入「amazon」後，按一下 Tab 鍵。

```
$ amazon [Tab]
```

於是 amazon 後方就自動被加上了一個連字號（橫線），且有 2 個候選項目顯示在下一行。

```
$ amazon-
amazon-linux-extras  amazon-ssm-agent
```

這是因為系統找到了 2 個候選指令，而兩者都是以「amazon-」起頭，所以就自動加上連字號，並顯示出找到的 2 個候選指令。

接著繼續多輸入一些後，再按一次 [Tab] 鍵試試。

```
$ amazon-l [Tab]
```

這次後面的部分都會被自動輸入完成，直接完成了 amazon-linux-extras 指令。

> 較長的指令，就利用 [Tab] 鍵讓系統幫忙輸入完成吧！

### 6.1.3 利用指令記錄來再次執行指令

要再次執行先前曾執行過的指令時，又要從頭輸入一次感覺實在好麻煩。
這時只要利用 [↑] 方向鍵，便能輕鬆回溯過去執行過的指令，而若回溯過頭，也可用 [↓] 方向鍵返回。

- [↑] 方向鍵　前一個執行過的指令
- [↓] 方向鍵　下一個執行過的指令

光是這兩個按鍵操作就已經很方便了，但要回溯較久之前執行過的指令時，還是很麻煩。
此時遞增搜尋（Incremental Search）功能就派上用場了。

- [Ctrl] + [r]　遞增搜尋

```
(reverse-i-search)`':
```

按下 [Ctrl] + [r] 鍵後，便會顯示出如上這行。請在此狀態下輸入欲搜尋的字串。
當冒號後方出現你要的候選指令時，按下 [Enter] 鍵即可執行該指令。
若要結束遞增搜尋模式而不執行指令，則按下 [Ctrl] + [g] 鍵。

### 6.1. 4 使用 man 指令來查看指令的用法

你可使用 man 指令來查看各種指令,以瞭解各項指令的使用方法與功能作用。

以下就讓我們以 man 指令來查看 man 指令本身。而 man 指令就是透過「**man**」這個指令名稱來執行。

```
$ man man
```

```
NAME
man - an interface to the on-line reference manuals

SYNOPSIS
man  [-C  file]  [-d]  [-D]  [--warnings[=warnings]]  [-R encoding] [-L
locale] [-m system[,...]] [-M path] [-S list] [-e extension]
[-i|-I] [--regex|--wildcard] [--names-only] [-a] [-u] [--no-subpages] [-P
pager] [-r prompt] [-7] [-E  encoding]  [--no-hyphenation]
[--no-justification] [-p string] [-t] [-T[device]] [-H[browser]] [-X[dpi]]
[-Z] [[section] page ...] ...
man -k [apropos options] regexp ...
man -K [-w|-W] [-S list] [-i|-I] [--regex] [section] term ...
man -f [whatis options] page ...
man  -l  [-C file] [-d] [-D] [--warnings[=warnings]] [-R encoding] [-L
locale] [-P pager] [-r prompt] [-7] [-E encoding] [-p string]
[-t] [-T[device]] [-H[browser]] [-X[dpi]] [-Z] file ...
man -w|-W [-C file] [-d] [-D] page ...
man -c [-C file] [-d] [-D] page ...
man [-?V]

DESCRIPTION
man is the system's manual pager. Each page argument given to man is
normally the name of a program, utility or function.  The  man
ual  page  associated with each of these arguments is then found and
displayed. A section, if provided, will direct man to look only
in that section of the manual.  The default action is to search in all of
the available sections, following a pre-defined order  and
to show only the first page found, even if page exists in several sections.
```

從 NAME 部分的說明可知,man 是 manual 的縮寫。

而由於其內容 1 頁顯示不完,故在終端機的最下方有一行字寫著「Manual page man(1) line 1 (press h for help or q to quit)」。

按 Enter 鍵可移動至下一行,以便逐一閱讀所有內容。

按 q 鍵則會關閉指令說明。

**6.2** ## 執行標準的輸入 / 輸出及多個指令

**6.2.1** 執行標準的輸入 / 輸出

例如執行「echo hello」這樣的指令。

```
$ echo hello
hello
```

結果輸出了「hello」這一字串。

echo 這個指令是用來將輸入的內容直接輸出。

以此例來說，標準輸入為 echo hello，而 echo 會將輸入的內容直接輸出，所以標準輸出的結果就是 hello。

此外你也可利用重新導向功能，將標準輸出寫入至檔案。

```
$ echo hello > ~/hello.txt
```

以上這行指令是將 echo hello 的輸出寫進了名為 hello.txt 的檔案中。

那麼我們先前在管理使用者時執行過多次的 cat 指令，其輸出又是如何呢？

cat 會輸出檔案的內容。因此就讓我們把剛剛建立的 hello.txt 的內容輸出看看。

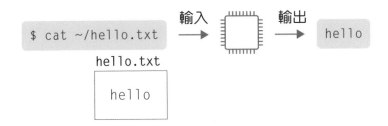

Chapter 6 / 透過終端機（Terminal）進行指令操作

```
$ cat ~/hello.txt
hello
```

於是便輸出了 hello.txt 的內容，也就是「hello」這一字串。接著再針對不存在的檔案，以
cat 輸出其內容試試。

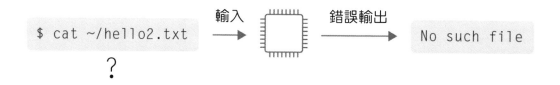

```
$ cat ~/hello2.txt
cat: /home/ssm-user/hello2.txt: No such file or directory
```

結果輸出了錯誤訊息。這叫標準錯誤輸出。
標準輸出的檔案描述符（File Descriptor）為 1，標準錯誤輸出的檔案描述符為 2。在重新導
向至檔案時會分別使用這兩個不同的數值。

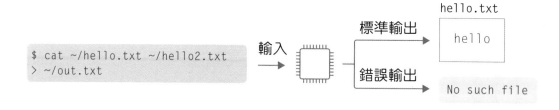

```
$ cat ~/hello.txt ~/hello2.txt > ~/out.txt
cat: /home/ssm-user/hello2.txt: No such file or directory

$ cat ~/out.txt
hello
```

在此例中，由於 hello.txt 檔確實存在，故其內容被重新導向輸出至 out.txt。
而 hello2.txt 則因為不存在，所以在終端機上輸出了錯誤訊息。也就是說，重新導向功能在
預設狀態下會將標準輸出重新導向，但對於標準錯誤輸出則會將之輸出於終端機上。

若是想把標準錯誤輸出也重新導向，則需指定「2>&1」。

```
$ cat ~/hello.txt ~/hello2.txt
> ~/out.txt 2>&1
```

輸入　1. 標準輸出
　　　2. 標準錯誤輸出

hello.txt

```
hello
No such~
```

```
$ cat ~/hello.txt ~/hello2.txt > ~/out.txt 2>&1
$ cat ~/out.txt
hello
cat: /home/ssm-user/hello2.txt: No such file or directory
```

以上便是將標準錯誤輸出重新導向至標準輸出，並寫入 out.txt。若只想要將標準錯誤輸出重新導向，則請如下執行。

```
$ cat ~/hello.txt ~/hello2.txt 2> ~/out.txt
hello
$ cat ~/out.txt
cat: /home/ssm-user/hello2.txt: No such file or directory
```

標準輸出的 hello 被輸出於終端機，只有標準錯誤輸出被重新導向至檔案。

想以重新導向的方式附加內容時，則如下執行。

```
$ echo hello > ~/hello.txt
$ echo world >> ~/hello.txt
$ cat ~/hello.txt
hello
world
```

務必確認錯誤並盡快修正問題！

Chapter 6 / 透過終端機（Terminal）進行指令操作

### 6.2. 2 用管線（Pipe）連接多個指令

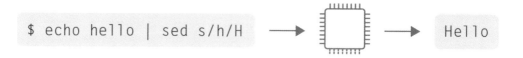

```
$ echo hello | sed s/h/H/
Hello
```

你可用「|」（管線，Pipe，在鍵盤上和反斜線共用同一個按鍵的符號）連接多個指令的輸入
與輸出。在上例中，這個管線被用來連接 echo hello 和 sed s/h/H 這兩個指令。

亦即將 echo hello 的執行結果「hello」做為 sed s/h/H 的輸入。而 sed s/h/H 這個指令會將
小寫的 h 換成大寫的 H。

於是「hello」就被轉換成「Hello」後輸出。

### 6.2. 3 用 grep 指令輸出特定的行

grep 是經常與管線搭配使用的一個指令。通常用於搜尋輸入的內容，再將符合條件的行
輸出。

像先前在第 3 章中，想要只輸出 /etc/passwd 檔裡特定的使用者帳戶資料時，這樣的搭配就
很方便好用。

```
$ cat /etc/passwd | grep ssm-user
ssm-user:x:1001:1001::/home/ssm-user:/bin/bash
```

只將 /etc/passwd 檔裡的 ssm-user 這行輸出。

那麼只想輸出以 s 開頭的使用者時該怎麼做？這時要運用正規表示式（Regular
Expression）。

```
$ cat /etc/passwd | grep ^s
sync:x:5:0:sync:/sbin:/bin/sync
shutdown:x:6:0:shutdown:/sbin:/sbin/shutdown
systemd-network:x:192:192:systemd Network Management:/:/sbin/nologin
sshd:x:74:74:Privilege-separated SSH:/var/empty/sshd:/sbin/nologin
ssm-user:x:1001:1001::/home/ssm-user:/bin/bash
```

「^s」就代表了以「s」開頭之意。

可用於 grep 的正規表示式包括下列這些。

. 　有任意一個字元存在。

^ 　於行首。

$ 　於行末。

* 　前一個字元重複 0 次以上。

? 　前一個字元重複 0 次或 1 次。

+ 　前一個字元重複 1 次以上。

[] 　與 [] 內的集合字元一致，可用 - 指定範圍，以 ^ 開頭則表示除外。

 ## 6.3　使用變數

變數可用來存放值以便重複利用或是供系統參照。而變數可分為 Shell 變數和環境變數兩種。

Shell 變數只在定義了變數的程式中有效。

環境變數則不論在定義了變數的 Shell 中，還是在所執行的程式中，都有效。

### 6.3.1　Shell 變數

設定 Shell 變數時，是使用「=」把變數和值連結在一起。

```
變數 = 值
```

而參照變數時，不論 Shell 變數還是環境變數，都是以「$」起頭。

例如要用 echo 指令將變數內容輸出至終端機以查看時，就使用如下寫法。

```
$ echo $ 變數
```

欲刪除變數時，請使用 unset 指令。

```
$ unset 變數
```

以下的例子是先替名為 mylastname 的變數設定值後，查看其內容，再予以刪除。

```
$ mylastname=yamashita
$ echo $mylastname
yamashita
$ unset mylastname
```

### 6.3.2 環境變數

要設定環境變數時，需使用 export 指令。

```
$ export myfirstname=mitsuhiro
$ echo $myfirstname
mitsuhiro
$ unset myfirstname
```

為了確認 Shell 變數和環境變數的有效範圍（Scope）差異，以下的例子在設定變數後，先啟動了新的 Shell，再查看（參照）變數內容。

```
$ mylastname=yamashita
$ export myfirstname=mitsuhiro
$ echo $mylastname $myfirstname
yamashita mitsuhiro

$ sh
$ echo $mylastname $myfirstname
mitsuhiro

$ exit
exit
$ echo $mylastname $myfirstname
yamashita mitsuhiro
```

在新啟動的 Shell 中，Shell 變數 $mylastname 未被輸出，只有環境變數 $myfirstname 被輸出。

這是因為 Shell 變數只在原本的程式範圍內才有效。一旦使用 exit 指令回到原本的程式中，Shell 變數就也能夠輸出了。

重複利用變數，徹底發揮其便利效果！

### 6.3.3 用 printenv 來查看環境變數

目前已設定的環境變數，可用 printenv 指令來查看。

```
$ printenv

myfirstname=mitsuhiro
TERM=xterm-256color
PATH=/usr/local/sbin:/usr/local/bin:/usr/sbin:/usr/bin
PWD=/usr/bin
LANG=en_US.UTF-8
SHLVL=1
HOME=/home/ssm-user
_=/usr/bin/printenv
```

指令及程式的搜尋目的地就設定在名為 PATH 的環境變數中。

有時在程式安裝後，發生執行錯誤等狀況時，會需要查看 PATH 環境變數是否有正確設定好。

### 6.3.4 用 set 來查看變數

目前已設定的環境變數和 Shell 變數，可用 set 指令來查看。

```
$ set

BASH=/usr/bin/sh
BASHOPTS=cmdhist:expand_aliases:extquote:force_fignore:hostcomplete:interactive_comments:progcomp:promptvars:sourcepath
BASH_ALIASES=()
BASH_ARGC=()
BASH_ARGV=()
BASH_CMDS=()
BASH_LINENO=()
BASH_SOURCE=()
BASH_VERSINFO=([0]="4" [1]="2" [2]="46" [3]="2" [4]="release" [5]="x86_64-koji-linux-gnu")
BASH_VERSION='4.2.46(2)-release'
COLUMNS=211
DIRSTACK=()
EUID=1001
GROUPS=()
HISTFILE=/home/ssm-user/.bash_history
HISTFILESIZE=500
HISTSIZE=500
HOME=/home/ssm-user
```

```
HOSTNAME=ip-172-31-45-84.ap-northeast-1.compute.internal
HOSTTYPE=x86_64
IFS='
'
LANG=en_US.UTF-8
LINES=55
MACHTYPE=x86_64-koji-linux-gnu
MAILCHECK=60
OLDPWD=/home
OPTERR=1
OPTIND=1
OSTYPE=linux-gnu
PATH=/usr/local/sbin:/usr/local/bin:/usr/sbin:/usr/bin
PIPESTATUS=([0]="0")
POSIXLY_CORRECT=y
PPID=8224
PS1='\s-\v\$ '
PS2='> '
PS4='+ '
PWD=/home/ssm-user/work
SHELL=/bin/bash
SHELLOPTS=braceexpand:emacs:hashall:histexpand:history:interactive-comments:monitor:posix
SHLVL=1
TERM=xterm-256color
UID=1001
```

### 6.3. 5 搭配運用變數與引號

將變數與引號搭配在一起使用時,使用單引號的輸出結果和使用雙引號的輸出結果是不一樣的。

**使用單引號時,變數也會被視為字串。**

```
$ echo '主機名稱為 $HOSTNAME。'
主機名稱為 $HOSTNAME。
```

**使用雙引號時,則會輸出變數的值。**

```
$ echo "主機名稱為 $HOSTNAME。"
主機名稱為 ip-172-31-45-84.ap-northeast-1.compute.internal。
```

**若是想在雙引號內使用變數名,則需利用做為跳脫字元的反斜線。**

```
$ echo "主機名稱 \$HOSTNAME 是 $HOSTNAME。"
主機名稱 $HOSTNAME 是 ip-172-31-45-84.ap-northeast-1.compute.internal。
```

若是想在雙引號內輸出指令的執行結果，請將指令寫在 $() 內。

```
$ echo " 我是 $(whoami)。"
我是 ssm-user。
```

 ## 6.4 使用 Shell 的選項

Shell 具有各種功能選項，而你可用 set -o 來查看目前的設定。

```
$ set -o

allexport           off
braceexpand         on
emacs               on
errexit             off
errtrace            off
functrace           off
hashall             on
histexpand          on
history             on
ignoreeof           off
interactive-comments     on
keyword             off
monitor             on
noclobber           off
noexec              off
noglob              off
nolog               off
notify              off
nounset             off
onecmd              off
physical            off
pipefail            off
posix               on
privileged          off
verbose             off
vi                  off
xtrace              off
```

on 代表啟用，off 代表停用。
欲啟用特定選項時，就執行「set -o 選項名稱」。
欲停用特定選項時，則執行「set +o 選項名稱」。

Chapter 6 / 透過終端機（Terminal）進行指令操作

```
$ set -o allexport

$ set -o | grep allexport
allexport          on

$ set +o allexport

$ set -o | grep allexport
allexport          off
```

| 指令 | 操作內容 |
|---|---|
| allexport | 將建立、變更後的變數自動匯出。 |
| braceexpand | 大括弧擴充功能，可將 {} 包住的部分擴充為多個字串。例如將 a{1,2,3} 輸出時，會擴充為 a1、a2、a3。<br><br>`$ echo a{1,2,3}`<br>`a1 a2 a3`<br><br>`$ set +o bracexpand`<br><br>`$  echo a{1,2,3}`<br>`a{1,2,3}` |
| emacs | 將建立、變更後的變數自動匯出。 |
| errexit | 一旦發生錯誤，就立刻終止。啟用此選項時，一旦發生錯誤，終端機便會關閉。<br><br>`$ set -o errexit`<br><br>`$ err`<br>`sh: err: command not found` |
| errtrace | 追蹤錯誤。 |
| functrace | 追蹤除錯。 |
| hashall | 記住所有的指令路徑。 |
| histexpand | 依據 ! 編號來參照歷史記錄。 |
| history | 啟用指令的歷史記錄。 |
| ignoreeof | 不使用 Ctrl + D 鍵終止。 |
| interactive-comments | 將接在 # 之後的內容視為說明文字。 |
| keyword | 將關鍵字參數做為針對指令的環境變數來傳送。 |
| monitor | 做為一種監控模式，用來顯示背景工作（background job）的結果。 |
| noclobber | 不以重新導向功能覆寫既有的檔案。 |

| 指令 | 操作內容 |
|---|---|
| noexec | 僅讀取指令，但不執行。主要是在建立 Shell 指令碼之類的情況，用於檢查語法。不影響對話形式的 Shell。 |
| noglob | 停用「*」或「?」的檔名擴充功能。 |
| nolog | 不將函式定義記錄在歷史記錄中。 |
| notify | 立刻顯示已結束的背景工作結果。 |
| nounset | 在參數擴充的過程中，若有未設定的變數，就視為錯誤。 |
| onecmd | 只執行 1 次指令後便結束。 |
| physical | 不使用符號連結（Symbolic link），而是使用實體路徑。 |
| pipefail | 執行以管線連接的多個指令時，只要其中有 1 個指令出錯，就把最後的錯誤值傳回。 |
| posix | 將運作方式變更為符合 POSIX 標準。 |
| privileged | 不以特權模式繼承函式及變數。 |
| verbose | 顯示輸入行。 |
| vi | 採取 vi 風格的形式。 |
| xtrace | 輸出已執行的指令和參數。<br><br>`$ pwd`<br>`/usr/bin`<br><br>`$ set -o xtrace`<br><br>`$ pwd`<br>`+ pwd`<br>`/usr/bin` |

## 6.5 定義常用指令

### 6.5.1 用 alias 替指令設定別名

使用 alias 指令，你就能替各種指令設定別名（另取小名）。我們有時會事先替常用的指令設定別名。

例如「ls -l」這個指令很常用，故替它設定「ll」的別名就會很方便。

```
$ alias ll='ls -l'

$ ll

total 2
-rw-r--r-- 1 ssm-user ssm-user  12 Mar  9 02:01 hello.txt
-rw------- 1 ssm-user ssm-user   0 Mar 12 00:23 nohup.out
```

而要刪除別名時，請使用 unalias 指令。

```
$ unalias ll

$ ll
sh: ll: command not found
```

### 6.5. 2 用 function（函式）來整合指令

欲整合多行常用指令時，可利用 function 指令。其指令格式為「function 函式名 () {
指令 ; }」。其中「{」的後面和「}」的前面各要加入一個半形空格。

例如以下所定義的函式名為 cpadd，它會先複製內容寫了 Hello 的 test.txt 檔，附加 World
字串後，再輸出顯示新檔案的內容。

```
$ function cpadd() { \
cp test.txt testcp.txt; \
echo 'World' >> testcp.txt; \
cat testcp.txt; \
}
```

執行此函式。

```
$ cpadd
Hello
World
```

而欲取消函式定義時，請執行 unset 指令。

```
$ unset cpadd

$ cpadd
sh: cpadd: command not found
```

利用 alias 和 function（函式），
讓常用的指令更方便好用！

104

### 6.5.3 自動定義就用 bash 設定檔

變數及函式的有效範圍，都僅限於執行中的 Shell 內。每次登入都要定義一次的話實在是太過麻煩，所以就先設定好可自動定義的 bash 設定檔。

以下介紹的是 Amazon Linux 2 預設就已具有的設定檔。

由於在 /etc 目錄下的設定檔會影響所有使用者，因此我們使用位於 ssm-user 主目錄 /home/ssm-user 下的 bash 設定檔來做設定。

不過在此，我們還是先用 cat 指令來查看一下 /etc 目錄下的 bash 設定檔內容。

**/etc/profile**

登入時，從所有的使用者帳戶自動執行。

```
$ sudo cat /etc/profile

# /etc/profile

# System wide environment and startup programs, for login setup
# Functions and aliases go in /etc/bashrc

# It's NOT a good idea to change this file unless you know what you
# are doing. It's much better to create a custom.sh shell script in
# /etc/profile.d/ to make custom changes to your environment, as this
# will prevent the need for merging in future updates.

pathmunge () {
    case ":${PATH}:" in
        *:"$1":*)
            ;;
        *)
            if [ "$2" = "after" ] ; then
                PATH=$PATH:$1
            else
                PATH=$1:$PATH
            fi
    esac
}


if [ -x /usr/bin/id ]; then
    if [ -z "$EUID" ]; then
        # ksh workaround
        EUID=`/usr/bin/id -u`
        UID=`/usr/bin/id -ru`
    fi
    USER="`/usr/bin/id -un`"
```

```
    LOGNAME=$USER
    MAIL="/var/spool/mail/$USER"
fi

# Path manipulation
if [ "$EUID" = "0" ]; then
    pathmunge /usr/sbin
    pathmunge /usr/local/sbin
else
    pathmunge /usr/local/sbin after
    pathmunge /usr/sbin after
fi

HOSTNAME=`/usr/bin/hostname 2>/dev/null`
HISTSIZE=1000
if [ "$HISTCONTROL" = "ignorespace" ] ; then
    export HISTCONTROL=ignoreboth
else
    export HISTCONTROL=ignoredups
fi

export PATH USER LOGNAME MAIL HOSTNAME HISTSIZE HISTCONTROL

# By default, we want umask to get set. This sets it for login shell
# Current threshold for system reserved uid/gids is 200
# You could check uidgid reservation validity in
# /usr/share/doc/setup-*/uidgid file
if [ $UID -gt 199 ] && [ "`/usr/bin/id -gn`" = "`/usr/bin/id -un`" ]; then
    umask 002
else
    umask 022
fi

for i in /etc/profile.d/*.sh /etc/profile.d/sh.local ; do
    if [ -r "$i" ]; then
        if [ "${-#*i}" != "$-" ]; then
            . "$i"
        else
            . "$i" >/dev/null
        fi
    fi
done

unset i
unset -f pathmunge
```

其中先定義了 pathmunge 函式，設定 PATH 環境變數，最後再刪除 pathmunge 的定義。

### /etc/bashrc

從使用者的 bashrc（於 bash 啟動時執行）執行。

```
$ sudo cat /etc/bashrc

# /etc/bashrc

# System wide functions and aliases
# Environment stuff goes in /etc/profile

# It's NOT a good idea to change this file unless you know what you
# are doing. It's much better to create a custom.sh shell script in
# /etc/profile.d/ to make custom changes to your environment, as this
# will prevent the need for merging in future updates.

# are we an interactive shell?
if [ "$PS1" ]; then
  if [ -z "$PROMPT_COMMAND" ]; then
    case $TERM in
    xterm*|vte*)
      if [ -e /etc/sysconfig/bash-prompt-xterm ]; then
          PROMPT_COMMAND=/etc/sysconfig/bash-prompt-xterm
      elif [ "${VTE_VERSION:-0}" -ge 3405 ]; then
          PROMPT_COMMAND="__vte_prompt_command"
      else
          PROMPT_COMMAND='printf "\033]0;%s@%s:%s\007" "${USER}" "${HOSTNAME%%.*}" "${PWD/#$HOME/~}"'
      fi
      ;;
    screen*)
      if [ -e /etc/sysconfig/bash-prompt-screen ]; then
          PROMPT_COMMAND=/etc/sysconfig/bash-prompt-screen
      else
          PROMPT_COMMAND='printf "\033k%s@%s:%s\033\\" "${USER}" "${HOSTNAME%%.*}" "${PWD/#$HOME/~}"'
      fi
      ;;
    *)
      [ -e /etc/sysconfig/bash-prompt-default ] && PROMPT_COMMAND=/etc/sysconfig/bash-prompt-default
      ;;
    esac
  fi
# Turn on parallel history
shopt -s histappend
history -a
# Turn on checkwinsize
shopt -s checkwinsize
[ "$PS1" = "\\s-\\v\\\$ " ] && PS1="[\u@\h \W]\\$ "
# You might want to have e.g. tty in prompt (e.g. more virtual machines)
```

```
    # and console windows
    # If you want to do so, just add e.g.
    # if [ "$PS1" ]; then
    #    PS1="[\u@\h:\l \W]\\$ "
    # fi
    # to your custom modification shell script in /etc/profile.d/ directory
fi

if ! shopt -q login_shell ; then # We're not a login shell
    # Need to redefine pathmunge, it get's undefined at the end of /etc/profile
    pathmunge () {
        case ":${PATH}:" in
            *:"$1":*)
                ;;
            *)
                if [ "$2" = "after" ] ; then
                    PATH=$PATH:$1
                else
                    PATH=$1:$PATH
                fi
        esac
    }

    # By default, we want umask to get set. This sets it for non-login shell.
    # Current threshold for system reserved uid/gids is 200
    # You could check uidgid reservation validity in
    # /usr/share/doc/setup-*/uidgid file
    if [ $UID -gt 199 ] && [ "`/usr/bin/id -gn`" = "`/usr/bin/id -un`" ]; then
        umask 002
    else
        umask 022
    fi

    SHELL=/bin/bash
    # Only display echos from profile.d scripts if we are no login shell
    # and interactive - otherwise just process them to set envvars
    for i in /etc/profile.d/*.sh; do
        if [ -r "$i" ]; then
            if [ "$PS1" ]; then
                . "$i"
            else
                . "$i" >/dev/null
            fi
        fi
    done

    unset i
    unset -f pathmunge
```

```
fi
# vim:ts=4:sw=4
```

### ~/.bash_profile

於登入時執行的使用者專用設定。

```
$ cat ~/.bash_profile

# .bash_profile

# Get the aliases and functions
if [ -f ~/.bashrc ]; then
        . ~/.bashrc
fi

# User specific environment and startup programs

PATH=$PATH:$HOME/.local/bin:$HOME/bin

export PATH
```

執行 ~/.bashrc。

### ~/.bashrc

於 bash 啟動時執行的使用者專用設定。

```
$ cat ~/.bashrc

# .bashrc

# Source global definitions
if [ -f /etc/bashrc ]; then
        . /etc/bashrc
fi

# Uncomment the following line if you don't like systemctl's auto-paging feature:
# export SYSTEMD_PAGER=

# User specific aliases and functions
```

執行通用設定 /etc/bashrc。

**~/.bash_logout**

於登出時執行。

```
$ cat ~/.bash_logout
# ~/.bash_logout
```

未進行任何設定。

## 在 bashrc 中設定 alias

在此使用第 8 章將介紹的 vim 等編輯器，替 ~/.bashrc 添加 alias 設定。
就寫在「# User specific aliases and functions」之下。

```
# .bashrc

# Source global definitions
if [ -f /etc/bashrc ]; then
        . /etc/bashrc
fi

# Uncomment the following line if you don't like systemctl's auto-paging feature:
# export SYSTEMD_PAGER=

# User specific aliases and functions
alias ll='ls -l'
```

啟動 bash 以執行該設定。

```
$ bash
[ssm-user@ip-172-31-45-84 ~]$ ll
total 2
-rw-r--r-- 1 ssm-user ssm-user   12 Mar  9 02:01 hello.txt
-rw------- 1 ssm-user ssm-user    0 Mar 12 00:23 nohup.out
```

為自己量身設定終端機，用起來才更輕鬆方便！

Chapter

# 7

## 操作檔案

**Chapter. 7** 操作檔案

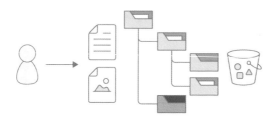

在本章中，我們將針對構成 Amazon Linux 2 伺服器的檔案與目錄結構，進行相關的操作指令。

此外還會針對 AWS 中名為 Amazon Simple Storage Service（S3）的服務進行一些指令操作。

#  7.1 操作目錄

### 7.1.1 什麼是目錄？

你可將目錄當成 Windows 裡的資料夾。接著我們就要來查看一下 Amazon Linux 2 的目錄到底呈現出怎樣的結構。

和先前一樣，請使用 Systems Manager 裡的 Session Manager 來連接終端機。

> 在 Linux 中，主要是用指令來操作目錄！

### 7.1.2 查看目前所在的目錄

首先，讓我們來看看自己目前正處於哪個目錄中。目前所在的目錄可用 pwd 指令來查看。

```
$ pwd
/usr/bin
```

如上可知，我們目前位於 /usr/bin 目錄中。

而查看 pwd 的指令說明（執行「man pwd」）便會看到「print name of current/working directory」這行說明。

亦即此指令會印出（輸出）目前／工作目錄的名稱。

### 7.1. 3 移動到別的目錄

那麼接下來，讓我們移動到最上層目錄。這時要使用 cd 指令。

```
$ cd /
```

若以 man 查看 cd 的指令說明，會看到「Change the current directory」，也就是「變更目前所在的目錄＝移動」之意。

此指令除了可指定從「/」起算的絕對路徑，也可指定相對於目前所在目錄的相對路徑。

以絕對路徑來說，例如若是想移動到一開始所在的目錄，就要執行如下命令。

```
$ cd /usr/bin
```

執行後，確認一下是否已確實移動至該目錄。

```
$ pwd
/usr/bin
```

顯然已移動成功。再移動到別的目錄試試。

```
$ cd /var
$ pwd
/var
```

接著改用相對路徑來移動。/var 目錄下還有各式各樣的目錄存在。
讓我們移動到其中的 /var/opt 試試。

```
$ cd opt
$ pwd
/var/opt
```

看來即使不從最上層目錄開始指定，也能以相對路徑成功移動。剛剛在指定路徑時，我們省略了目前的所在目錄，不過你也可以透過清楚指定目前所在目錄的方式，達成和剛剛一樣的移動結果。

以下就先移動到 /var 目錄後，再嘗試這種移動方法。

```
$ cd /var
$ cd ./opt
$ pwd
/var/opt
```

「.」（一個點）代表目前所在的目錄。

「..」（連續的兩個點）則代表往上一層目錄移動。讓我們來試試看。

```
$ cd ..
$ pwd
/var
```

### 7.1. 4 列出目錄內的清單

用來查看目錄內的目錄及檔案清單的指令是 ls。

現在就讓我們來看看 /var 目錄內的目錄與檔案清單。

```
$ cd /var
$ ls
account  adm  cache  db  empty  games  gopher  kerberos  lib  local  lock
log  mail  nis  opt  preserve  run  spool  tmp  yp
```

於是系統列出了從 account 到 yp 等多個名稱。

若以 man 指令查看 ls 的指令說明，會看到「list directory contents」，也就是「列出目錄內容」之意。然而這樣的輸出結果只列出了名稱，根本看不出哪些是目錄、哪些是檔案。

其實這個指令還有選項可指定，藉此提供一些附加的實用功能。以下便為各位介紹幾個 ls 指令的選項。

選項有短選項（Short option）和長選項（Long option）兩種寫法，不過執行結果是一樣的。

雖說長選項看起來比較清楚易懂，但為了讓整體指令輕薄短小，本書主要都使用短選項。

```
$ ls -a
.    .updated  adm    db      games   kerberos  local  log   nis  preserve  spool  yp
..   account   cache  empty   gopher  lib       lock   mail  opt  run       tmp
```

這時出現了剛剛沒顯示出來的「.」、「..」和「.updated」這三項，這些都是加上 -a 選項後才列出的項目。指定 -a 選項，輸出時就不會忽略以「.」起頭的目錄及檔案。

由於這就是全部顯示之意，故其長選項寫法為「--all」。採取長選項寫法時，要使用兩個連續的連字號（橫線）。

```
$ ls --all
.   .updated adm db games kerberos local log nis preserve spool yp
..  account cache empty gopher lib lock mail opt run tmp
```

此外選項有大小寫之別。若執行時指定 -A，列出的內容又會不太一樣。

```
$ ls -A
.updated account adm cache db empty games gopher kerberos lib local lock
log mail nis opt preserve run spool tmp yp
```

-A 是不含「.」和「..」的選項。接下來再繼續介紹 ls 的其他常用選項。

**-F、--file-type**

顯示類型。後面接著「/」的是目錄。

而後面接著「@」的是符號連結，就類似 Windows 裡的捷徑。

讓我們在 /var 目錄中執行看看。

```
$ ls -F
account/  cache/  empty/  gopher/    lib/     lock@  mail@  opt/       run@    tmp/
adm/      db/     games/  kerberos/  local/   log/   nis/   preserve/  spool/  yp/
```

**-l**

顯示詳細資訊，這是非常常用的選項。讓我們立刻執行看看。

```
$ ls -l
total 8
drwxr-xr-x  2 root root   19 Nov 18 22:59 account
drwxr-xr-x  2 root root    6 Apr  9  2019 adm
drwxr-xr-x  6 root root   63 Nov 18 22:59 cache
drwxr-xr-x  3 root root   18 Nov 18 22:58 db
drwxr-xr-x  3 root root   18 Nov 18 22:58 empty
drwxr-xr-x  2 root root    6 Apr  9  2019 games
drwxr-xr-x  2 root root    6 Apr  9  2019 gopher
drwxr-xr-x  3 root root   18 Nov 18 22:58 kerberos
drwxr-xr-x 29 root root 4096 Nov 18 22:59 lib
```

```
drwxr-xr-x  2 root root     6 Apr  9  2019 local
lrwxrwxrwx  1 root root    11 Nov 18 22:58 lock -> ../run/lock
drwxr-xr-x  7 root root  4096 Nov 29 03:16 log
lrwxrwxrwx  1 root root    10 Nov 18 22:58 mail -> spool/mail
drwxr-xr-x  2 root root     6 Apr  9  2019 nis
drwxr-xr-x  2 root root     6 Apr  9  2019 opt
drwxr-xr-x  2 root root     6 Apr  9  2019 preserve
lrwxrwxrwx  1 root root     6 Nov 18 22:57 run -> ../run
drwxr-xr-x  9 root root    97 Nov 18 22:59 spool
drwxrwxrwt  3 root root    85 Nov 26 12:48 tmp
drwxr-xr-x  2 root root     6 Apr  9  2019 yp
```

第 1 個字元為「d」的是目錄，為「-」的是一般檔案，為「l」的則是符號連結。

而接著的一串「rwxr-xr-x」顯示的是權限，亦即顯示了哪些人對於此目錄或檔案能夠做些什麼的存取許可。這部分將於後續有關權限的章節中詳細說明。

接著的數字是連結數。

然後「root」代表擁有該項目的使用者名稱和群組名稱，第 1 個是使用者名稱，第 2 個是群組名稱。

再下一個數字是檔案大小，接著是時間戳記、名稱。

尤其是權限和檔案的擁有者，都是經常查看的資訊。

那麼，如果要同時顯示所有項目的詳細資訊和類型，也就是要同時指定多個選項的話，該怎麼做呢？

你確實可以一併指定多個選項。

```
$ ls -lAF
total 12
-rw-r--r--  1 root root   163 Nov 18 22:58 .updated
drwxr-xr-x  2 root root    19 Nov 18 22:59 account/
drwxr-xr-x  2 root root     6 Apr  9  2019 adm/
drwxr-xr-x  6 root root    63 Nov 18 22:59 cache/
drwxr-xr-x  3 root root    18 Nov 18 22:58 db/drwxr-xr-x  3 root root    18 Nov 18 22:58 empty/
drwxr-xr-x  2 root root     6 Apr  9  2019 games/
drwxr-xr-x  2 root root     6 Apr  9  2019 gopher/
drwxr-xr-x  3 root root    18 Nov 18 22:58 kerberos/
drwxr-xr-x 29 root root  4096 Nov 18 22:59 lib/
drwxr-xr-x  2 root root     6 Apr  9  2019 local/
lrwxrwxrwx  1 root root    11 Nov 18 22:58 lock -> ../run/lock/
drwxr-xr-x  7 root root  4096 Nov 29 03:16 log/
lrwxrwxrwx  1 root root    10 Nov 18 22:58 mail -> spool/mail/
drwxr-xr-x  2 root root     6 Apr  9  2019 nis/
drwxr-xr-x  2 root root     6 Apr  9  2019 opt/
drwxr-xr-x  2 root root     6 Apr  9  2019 preserve/
lrwxrwxrwx  1 root root     6 Nov 18 22:57 run -> ../run/
drwxr-xr-x  9 root root    97 Nov 18 22:59 spool/
```

```
drwxrwxrwt  3 root root    85 Nov 26 12:48 tmp/
drwxr-xr-x  2 root root     6 Apr  9  2019 yp/
```

你也可以像下面那樣分開指定，執行結果是一樣的，但一併指定會比較簡單方便。

```
$ ls -l -A -F
```

而除了選項外，指令還可另外指定參數。以這個 ls 指令來説，若在不指定目錄參數的狀態下執行，就會顯示目前所在目錄下的清單。

現在讓我們指定最上層目錄做為參數執行看看。

```
$ ls -lAF /
total 16
-rw-r--r--  1 root root     0 Nov 26 12:47 .autorelabel
lrwxrwxrwx  1 root root     7 Nov 18 22:58 bin -> usr/bin/
dr-xr-xr-x  4 root root  4096 Nov 18 22:59 boot/
drwxr-xr-x 15 root root  2820 Nov 26 12:47 dev/
drwxr-xr-x 80 root root  8192 Nov 29 14:08 etc/
drwxr-xr-x  4 root root    38 Nov 29 14:08 home/
lrwxrwxrwx  1 root root     7 Nov 18 22:58 lib -> usr/lib/
lrwxrwxrwx  1 root root     9 Nov 18 22:58 lib64 -> usr/lib64/
drwxr-xr-x  2 root root     6 Nov 18 22:57 local/
drwxr-xr-x  2 root root     6 Apr  9  2019 media/
drwxr-xr-x  2 root root     6 Apr  9  2019 mnt/
drwxr-xr-x  4 root root    27 Nov 18 22:59 opt/
dr-xr-xr-x 94 root root     0 Nov 26 12:47 proc/
dr-xr-x---  3 root root   103 Nov 26 12:47 root/
drwxr-xr-x 27 root root   960 Nov 29 01:02 run/
lrwxrwxrwx  1 root root     8 Nov 18 22:58 sbin -> usr/sbin/
drwxr-xr-x  2 root root     6 Apr  9  2019 srv/
dr-xr-xr-x 13 root root     0 Nov 29 14:08 sys/
drwxrwxrwt  8 root root   172 Nov 29 03:16 tmp/
drwxr-xr-x 13 root root   155 Nov 18 22:58 usr/
drwxr-xr-x 19 root root   269 Nov 26 12:47 var/
```

如上，執行指令時若在最後面加上「/」做為參數，所顯示的便是 Amazon Linux 2 的目錄清單。

這樣就不必為了顯示特定目錄內的清單，而特地先從目前所在的目錄以 cd 指令移動過去，只要指定參數即可。

每個目錄都各有其用途。

| 目錄 | 用途說明 |
|---|---|
| home | 儲存一般使用者使用的檔案。在 Amazon Linux 2 上，備有 ec2-user、ssm-user 的目錄。 |
| /var | 存放應用程式檔案或日誌檔等更新、添加的檔案。由於應用程式的日誌檔等有可能日益膨脹、增大，故應配合日誌資料的生命週期，設計其存放在此目錄中的期限。 |
| /usr | 存放程式、程式庫、文件等。 |
| /lib | 用來存放整合了常用功能的程式庫。 |
| /bin | 存放基本指令。 |
| /sbin | 存放系統管理所需的指令。 |
| /etc | 主要存放系統及已安裝軟體的設定檔。 |
| /dev | 存放裝置檔。 |
| /proc | 在此可看到存取系統資訊用的虛擬檔案。 |
| /mnt | 用於掛載檔案系統等時候。 |
| /opt | 存放已安裝的程式。 |
| /root | 根使用者的主目錄。 |
| /boot | 存放啟動所需的設定及檔案。 |
| /tmp | 在確認指令的執行結果等時候，做為臨時目錄使用。 |

## 7.1.5 建立目錄

要建立新的目錄時，就用 mkdir 指令。讓我們先以 man 指令來查看其說明。

```
$ man mkdir
```

正如 NAME 部分所寫的「make directories」，它就是用來建立目錄的指令。
接著就來建立名為 test 的目錄試試（在此將之建立於 tmp 目錄下）。

```
$ cd /tmp
$ mkdir test
$ ls -lF
drwxr-xr-x 2 ssm-user ssm-user 6 Nov 29 23:49 test/
```

建立成功。

而有時你可能會需要建立如 tmp/test/2019/10/01 這樣很深的多層目錄。但若試圖直接這樣建立，就會收到錯誤訊息。
讓我們移動到 test 目錄去試試。

```
$ cd /tmp/test
$ mkdir 2019/10/01
mkdir: cannot create directory '2019/10/01' : No such file or directory
```

由於中間的目錄並不存在，故無法建立。雖然也可以像下面這樣逐一建立，但一層一層地建立實在很麻煩。

```
$ mkdir 2019
$ mkdir 2019/10
$ mkdir 2019/10/01
```

這時，-p、--parents 選項就派上用場了。

```
$ mkdir -p 2019/10/01
$ ls -R
.:
2019

./2019:
10

./2019/10:
01

./2019/10/01:
```

建立成功。其中 ls 指令的 -R 選項會將多層目錄的下層逐一顯示出來，很適合用來在這種情況下查看目錄結構。

而 mkdir 指令的 -p 選項則是能在目錄存在時沿用，並於目錄不存在時主動建立的方便功能。

```
$ mkdir -p 2019/10/02
$ ls -R
.:
2019

./2019:
10

./2019/10:
01  02

./2019/10/01:
```

```
./2019/10/02:
```

 ## 7.2 操作檔案

### 7.2.1 建立檔案

接著要嘗試建立空檔案。至於編輯檔案內容的部分,則留待下一章解説。

以下便在 /tmp/test 目錄下,用 touch 指令建立空檔案。

```
$ cd /tmp/test
$ touch create-file
$ ls -lF
total 0
drwxr-xr-x 3 ssm-user ssm-user 16 Nov 29 23:56 2019/
-rw-r--r-- 1 ssm-user ssm-user  0 Nov 01 00:25 create-file
```

這樣就建立出了名為 create-file 的一般檔案。
若以 man 指令查看 touch 的指令説明,會看到「change file timestamps」這行字。
touch 指令原本是用來更新既有檔案的時間戳記,但也可以建立出空的檔案。

### 7.2.2 如何刪除檔案及目錄?

接下來讓我們試著刪除前面建立的檔案與目錄。這時要執行 rm 指令。
先以 man 指令查看 rm 指令後發現,裡頭寫著「remove files or directories」。其實 rm 就是 remove 的縮寫。

```
$ rm create-file
$ ls -F
2019/
```

成功將 create-file 檔刪除了。
Windows 系統會好心地把你刪除的檔案先移到資源回收桶,以便日後還可復原,而將資源回收桶裡的東西刪除時,也會特地彈出訊息向你確認。但 Linux 基本上什麼都不會問。
Linux 認為你既然執行 rm 指令,就是想刪除所以才執行。若你希望於刪除前再確認一次,執行時請加上「-i」選項。

```
$ touch file1
$ ls -F
2019/   file1
$ rm -i file1
rm: remove regular empty file 'file1' ? y
$ ls -F
2019/
```

此外 touch 指令和 rm 指令都可以一次處理多個檔案。

```
$ touch file1 file2
$ ls -F
2019/   file1   file2
$ rm -i file1 file2
rm: remove regular empty file 'file1' ? y
rm: remove regular empty file 'file2' ? y
$ ls -F
2019/
```

如上，我們一次建立了 2 個檔案，再把它們一併刪除。

一旦加上 -i 選項，系統就會逐一確認每個檔案是否真要刪除。

接下來要利用萬用字元（wildcard）來指定刪除對象。

```
$ touch file1 file2
$ ls -F
2019/   file1   file2
$ rm -i file*
rm: remove regular empty file 'file1' ? y
rm: remove regular empty file 'file2' ? y
$ ls -F
2019/
```

藉由萬用字元「*」的使用，就能夠一併指定 file1 和 file2。

那麼，刪除目錄時的情況又是如何呢？

讓我們來試試看。

```
$ ls -F
2019/
$ rm 2019/
rm: cannot remove '2019/' : Is a directory
```

```
$ rm 2019
rm: cannot remove  '2019' : Is a directory
$ rm -d 2019
rm: cannot remove  '2019' : Directory not empty
```

看來只用 rm 指令無法刪除目錄。即使加上了指定要刪除目錄的 -d 選項，仍因為該目錄並非空目錄而無法成功。

-d 是用來刪除空目錄的選項。

另外還有一個作用類似的指令，叫 rmdir。這個 rmdir 也是用來刪除空的目錄。

在這種情況下，我們要使用介紹 ls 指令時也曾提到過的 -R、--recursive 選項。

搭配 rm 指令時，這個選項也可用小寫 -r 指定。而其長選項寫法中的 recursive 是「遞迴的」之意。

刪除時同樣加上 -i 選項，以便再次確認刪除對象。

```
$ rm -ri 2019
rm: descend into directory  '2019' ? y
rm: descend into directory  '2019/10' ? y
rm: remove directory  '2019/10/01' ? y
rm: remove directory  '2019/10/02' ? y
rm: remove directory  '2019/10' ? y
rm: remove directory  '2019' ? y
```

一開始系統先向你確認是否要進入目錄中遞迴處理，待你輸入 y 同意後，它便開始逐一確認並刪除各目錄。若目錄內有檔案，也會以同樣程序處理。

另外補充一下，若以超級使用者身份對最上層目錄執行 rm -r 的話，可是會將作業系統所需的檔案也都刪除。在實體伺服器上當然是嚴格禁止這樣的操作，而在正式營運的伺服器上，更是絕對不行。

目前我們使用的 Amazon Linux 2 只是為了學習測試目的而啟動的伺服器。用於測試的 EC2 執行個體可不限次數重建多次，很適合用來體驗失敗。

有興趣的讀者可將目前正在操作的伺服器，亦即跟隨本書學習測試而建立的 EC2 執行個體，在確定不會造成損害的狀態下，嘗試破壞其作業系統，看看結果會變得如何，這樣或許是個不錯的學習經驗喔！

如果想留下目前 EC2 執行個體，那麼另外啟動一個新的 EC2 執行個體來嘗試或許也不錯。

而「-f」是用來讓錯誤訊息「不顯示」的選項。

```
$ sudo rm -rf /
rm: it is dangerous to operate recursively on  '/'
rm: use --no-preserve-root to override this failsafe
```

這是危險操作，因此被系統阻止了。若無論如何都要執行，則需使用如下指令。

```
$ sudo rm --no-preserve-root -rf /
```

### 7.2. 3 複製檔案及目錄

不論複製檔案還是複製整個目錄，都是很常見的操作。

像是安裝某個軟體後，要將該軟體的設定檔做為範例檔來直接設定時，又或是為了於操作前先備份而進行複製操作時。

接著就讓我們來練習在 ssm-user（以 Session Manager 連線登入時的使用者）的主目錄與 tmp 目錄之間執行複製操作。

首先移動到主目錄下。

欲移動至所登入使用者的主目錄時，就執行不加任何參數的 cd 指令即可。

```
$ cd
$ pwd
/home/ssm-user
```

再來建立做為複製來源的測試用目錄 src。

而做為複製對象的檔案則以 touch 指令建立。

```
$ mkdir src
$ cd src
$ touch copy-file
```

在 tmp 目錄下建立 dst 目錄。

```
$ mkdir /tmp/dst
```

將 copy-file 檔從 src 目錄複製到 dst 目錄。

```
$ cp copy-file /tmp/dst/
$ ls -lF /tmp/dst
total 0
-rw-r--r-- 1 ssm-user ssm-user 0 Nov 01 02:24 copy-file
```

Chapter 7 / 操作檔案

複製完成。而複製時只要加上確認用的 -i 選項，複製時若有覆寫的狀況，系統便會向你確認是否要覆寫。

```
$ touch copy-file2
$ cp -i copy-file* /tmp/dst/
cp: overwrite '/tmp/dst/copy-file' ? y
$ ls -lF /tmp/dst
total 0
-rw-r--r-- 1 ssm-user ssm-user 0 Nov 01 02:28 copy-file
-rw-r--r-- 1 ssm-user ssm-user 0 Nov 01 02:28 copy-file2
```

你還可以在複製時指定複製後的名稱。在同一目錄下進行複製時，就經常用到這功能。

```
$ cp copy-file copy-file.org
$ ls -lF

total 0
-rw-r--r-- 1 ssm-user ssm-user 0 Nov 01 02:24 copy-file
-rw-r--r-- 1 ssm-user ssm-user 0 Nov 01 02:31 copy-file.org
```

接下來要複製目錄，首先建立做為複製來源的目錄。

```
$ mkdir cpdir
$ touch cpdir/dir-file1 cpdir/dir-file2
```

複製目錄時，要用 cp 指令並加上 -r 選項。

```
$ cp -r cpdir /tmp/dst/
$ ls -lF /tmp/dst/cpdir
total 0
-rw-r--r-- 1 ssm-user ssm-user 0 Nov 01 02:37 dir-file1
-rw-r--r-- 1 ssm-user ssm-user 0 Nov 01 02:37 dir-file2
```

複製完成。和複製檔案時一樣，你也可在複製目錄時指定複製後的目錄名稱。

```
$ cp -r cpdir cpdir2
$ ls -lF cpdir2
total 0
-rw-r--r-- 1 ssm-user ssm-user 0 Nov 01 02:37 dir-file1
-rw-r--r-- 1 ssm-user ssm-user 0 Nov 01 02:37 dir-file2
```

## 7.2. 4 搬移檔案及目錄

前面介紹的複製操作雖名為複製,但其實也具有搬移的效果。而搬移的指令是「mv」。

和複製時一樣,在此我們使用 ssm-user 主目錄下的 src 目錄和 /tmp/dst 目錄來練習。若覺得之前複製出的目錄和檔案很礙事的話,就先把它們刪除。

```
$ rm -r ~/src/*
$ rm -r /tmp/dst/*
```

「~」代表目前登入之使用者的主目錄。

```
$ touch ~/src/mv-file1
$ mv ~/src/mv-file1 /tmp/dst/
$ ls -lF ~/src/
total 0
$ ls -lF /tmp/dst/
total 0
-rw-r--r-- 1 ssm-user ssm-user 0 Nov 01 02:57 mv-file1
```

搬移成功,你同樣可以在搬移時指定搬移後的名稱。

```
$ touch ~/src/mv-file2
$ mv ~/src/mv-file2 /tmp/dst/rename-file2
$ ls -lF ~/src/
total 0
$ ls -lF /tmp/dst/
total 0
-rw-r--r-- 1 ssm-user ssm-user 0 Nov 01 03:00 rename-file2
```

此外和 cp 指令一樣,加上 -i 選項,系統便會在覆寫時進行確認。

```
$ touch ~/src/mv-file1 ~/src/mv-file2
$ mv -i ~/src/* /tmp/dst/
mv: overwrite '/tmp/dst/mv-file1' ? y
$ ls -lF /tmp/dst
total 0
-rw-r--r-- 1 ssm-user ssm-user 0 Nov 01 03:03 mv-file1
-rw-r--r-- 1 ssm-user ssm-user 0 Nov 01 03:03 mv-file2
-rw-r--r-- 1 ssm-user ssm-user 0 Nov 01 03:00 rename-file2
```

接下來要搬移目錄，首先建立做為搬移來源的目錄。

```
$ mkdir ~/src/mvdir
$ touch ~/src/mvdir/dir-file1 ~/src/mvdir/dir-file2
```

搬移目錄時和使用 cp 指令時不同，不需要加上 -r 選項。

如下，執行 mv 指令時只要指定目錄即可。

```
$ mv ~/src/mvdir /tmp/dst/
$ ls -lF /tmp/dst/mvdir
total 0
-rw-r--r-- 1 ssm-user ssm-user 0 Nov 01 03:06 dir-file1
-rw-r--r-- 1 ssm-user ssm-user 0 Nov 01 03:06 dir-file2
```

目錄搬移完成。

### 7.2.5 如何搜尋檔案？

我們有時會需要搜尋以前的檔案。這時只要使用 find 指令，便能夠搜尋在 Linux 伺服器內的檔案。

例如要搜尋剛剛搬移過的、以「dir-file」起頭的檔案時，就可如下執行。

```
$  sudo find / -name "dir-file*" -print
/tmp/dst/mvdir/dir-file1
/tmp/dst/mvdir/dir-file2
```

找到了 2 個檔案。

之所以要使用 sudo 指令，是因為指定了最上層目錄，有很多都是 ssm-user 沒有存取權限的目錄。

藉由萬用字元「*」的使用，就能夠一併搜尋 2 個檔名。

另外還有能夠搜尋已建立好之資料庫資訊的「locate」指令可用，其運作速度可是比 find 指令更快喔！

```
$ sudo locate "*.txt"
```

想要立即更新資料庫時，就執行 updatedb 指令。

```
$ sudo updatedb
```

一般來說，updatedb 會由 cron 每天執行一次。

```
$ sudo cat /etc/cron.daily/mlocate

!/bin/sh
nodevs=$(awk '$1 == "nodev" && $2 != "rootfs" && $2 != "zfs" { print $2
}' < /proc/filesystems)

renice +19 -p $$ >/dev/null 2>&1
ionice -c2 -n7 -p $$ >/dev/null 2>&1
/usr/bin/updatedb -f "$nodevs"
```

### 7.2. 6 如何搜尋指令？

有時我們會需要指定指令以確認其檔案實體位在何處。

這時就要使用 which 指令。

```
$ which -a cp
/usr/bin/cp
```

執行 which 時若不加 -a 選項，就只會顯示第一個找到的結果，因此為了以防萬一，執行時最好加上 -a 選項。

##  7.3 使用 S3（Simple Storage Service）

### 7.3. 1 將檔案複製到 S3（Simple Storage Service）中

IAM 角色

EC2 執行個體    S3 儲存貯體

前面介紹了 linux 伺服器上本機目錄及檔案的使用方法。

現在則要來看看如何使用做為檔案儲存處的 AWS 物件儲存服務—Amazon Simple Storage Service（S3）。

S3 具有以下幾項特色：

- 資料儲存不受限　　　• 具高度耐久性與可用性　　　• 支援網路存取

## 資料儲存不受限

以 EC2 執行個體來說，在第 3 章啟動時，預設是使用 8GB 大小的磁碟區。
雖然這個大小可以更改，但畢竟隨著資料量增加，預留的儲存空間也必須增加才行，其最大
值為 16TB。

而相對於此，S3 的儲存容量則不需要預留。你只需要建立名為儲存貯體（Bucket）的資料
容器，然後依需要將資料存入該儲存貯體即可。而且其容量沒有限制，你可以不受限制地愛
存多少資料就存多少資料。對使用方來說，真的是非常簡單易用的服務。

## 具高度耐久性與可用性

S3 具有由所謂「可用區域」（Availability Zones）的多個資料中心構成的資料中心群組。儲
存於 S3 的資料，會自動使用多個可用區域，以確保耐用性。
且其耐久性高達 99.999999999%（所謂的 Eleven Nine，11 個 9），是非常高度的耐久性
設計。此外能否存取資料的所謂可用性，亦高達 99.99%。
幾乎可稱得上是不會遺失任何資料的儲存服務，可供安全保存。

## 支援網路存取

可透過 HTTP/HTTPS 協定，從世界各地輕鬆存取。
而存取方法包括使用為名為「管理控制台」的瀏覽器 GUI 工具、CLI（Command-Line
Interface，命令列介面），以及 SDK（Software Development Kit，軟體開發套件）等，是
個可編寫程式的儲存服務。

## 使用 AWS CLI（命令列介面）

Amazon Linux 2 預設就已安裝有 AWS CLI，讓我們用終端機查看其版本為何。

```
$ aws --version
aws-cli/1.16.102 Python/2.7.16 Linux/4.14.152-127.182.amzn2.x86_64
botocore/1.12.92
```

顯示出了版本資訊。由此可確認 AWS CLI 已安裝於系統內。

## 設定操作 S3 所需之權限

在 EC2 執行個體上執行 CLI 時的權限，要透過 IAM 角色來設定。

請從管理控制台進入 IAM 的儀表板。

點選左側導覽選單中的「角色」項目，再從右方的 IAM 角色清單中點選「LinuxRole」。
從所顯示的資料可知，目前只套用了使用 Systems Manager 所需的
「AmazonSSMManagedInstanceCore」政策。
請按一下〔連接政策〕鈕。

於「篩選政策」欄位輸入「s3」搜尋，勾選搜尋結果中的「AmazonS3FullAccess」政策
後，按一下〔連接政策〕鈕。
（在正式營運的環境中，應依據組織的安全政策，盡可能以最小的權限範圍做設定，而在此
我們是為了測試、學習，所以設定了對 S3 的全權存取。）

> 已對於 LinuxRole 連接政策 AmazonS3FullAccess。

畫面中出現已連接的訊息。

## 設定預設區域

請用 Systems Manager 裡的 Session Manager 連上 EC2 執行個體，我們將由此處透過終端機來執行 AWS CLI。

首先要設定預設區域。系統備有設定用的指令「aws configure」，所以就執行此指令。

```
$ aws configure
AWS Access Key ID [None]:
AWS Secret Access Key [None]:
Default region name [None]: ap-northeast-1
Default output format [None]: json
```

執行後，系統會問先問你 AWS Access Key ID 和 AWS Secret Access Key，不過這 2 項都可以按 [Enter] 鍵跳過，可以什麼都不指定。
這裡本來是該輸入認證密鑰，但本書所啟動的 EC2 執行個體使用 IAM 角色，設有安全的認證資訊，故不需要使用固定的認證密鑰來管理。

而 Default region name 要指定為「亞太地區（東京）」，因此需輸入「ap-northeast-1」。
至於 Default output format，就姑且設為「json」。

## 建立 S3 儲存貯體

接著便可建立 S3 儲存貯體，而你必須替 S3 儲存貯體指定全世界唯一的名字。
例如，若要建立名為 yamashita 的儲存貯體，則需執行如下指令。

```
$ aws s3 mb s3://yamashita
```

但 yamashita 畢竟是日本人名的英文拼音，很有可能已經存在。
系統果然顯示出了錯誤訊息。

```
make_bucket failed: s3://yamashita An error occurred (BucketAlreadyExis
ts) when calling the CreateBucket operation: The requested bucket name is
not available. The bucket namespace is shared by all users of the system.
Please select a different name and try again.
```

那麼就加上日期之類的數字，把它變成全世界唯一的名字。

```
$ aws s3 mb s3://yamashita-20191102
make_bucket: yamashita-20191102
```

現在來確認看看儲存貯體是否已成功建立。

```
$ aws s3 ls
2019-11-01 06:16:23 yamashita-20191102
```

和 Linux 一樣，AWS CLI 也有 ls 指令。由此可確認儲存貯體已建立完成。
你也可以從管理控制台確認。

請從管理控制台進入 S3 的儀表板。

剛剛建立的儲存貯體已顯示在清單中。也可看到該儲存貯體是建立在「亞太地區（東京）」。

## 將檔案上傳至 S3 儲存貯體

接下來就把檔案上傳至 S3 儲存貯體試試。在此我們要把從網路下載來的檔案，上傳至該儲存貯體。請在網路上隨意找一張圖片，並將其網址複製起來。

使用 AWS CLI，以指令來操作 AWS 的資源！

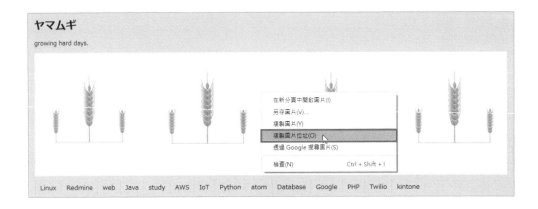

以 Chrome 瀏覽器來説，請在網頁圖片上按滑鼠右鍵，選「複製圖片位址」。

於主目錄中建立名為 work 的目錄，以供此例操作使用。

然後在 work 目錄中使用 wget 指令並指定剛剛複製的圖片網址做為參數，將該圖片下載。

```
$ mkdir ~/work
$ cd ~/work
$ wget https://www.yamamanx.com/wp-content/uploads/2017/07/cropped-yamamugi.png
```

輸出以下內容時，就表示下載成功。

```
--2019-11-02 06:51:31--  https://www.yamamanx.com/wp-content/
uploads/2017/07/cropped-yamamugi.png
Resolving www.yamamanx.com (www.yamamanx.com)... 13.225.166.108,
13.225.166.111, 13.225.166.44, ...
Connecting to www.yamamanx.com (www.yamamanx.com)|13.225.166.108|:443...
connected.
HTTP request sent, awaiting response... 200 OK
Length: 44273 (43K) [image/png]
Saving to: 'cropped-yamamugi.png'

100%[============================================================
=====================>] 44,273       --.-K/s   in 0.002s

2019-11-30 06:51:31 (17.3 MB/s) - 'cropped-yamamugi.png'  saved [44273/44273]
```

本例下載的是筆者個人部落格的頁首橫幅。接著就把這張圖片檔上傳試試。

```
$ aws s3 cp cropped-yamamugi.png s3://yamashita-20191102/yamamugi.png
upload: ./cropped-yamamugi.png to s3://yamashita-20191102/yamamugi.png
```

上傳時，可指定該檔案上傳後的物件名稱。而且也能指定如目錄般的階層結構。
（不需事先在 S3 上建立好目錄或資料夾。）

```
$ aws s3 cp cropped-yamamugi.png s3://yamashita-20191102/img/yamamugi.png
upload: ./cropped-yamamugi.png to s3://yamashita-20191102/img/yamamugi.png
```

確認是否已上傳成功的指令如下。

```
$ aws s3 ls s3://yamashita-20191102
                          PRE img/
2019-11-02 06:59:21       44273 yamamugi.png
```

執行 s3 ls 指令並指定儲存貯體以查看，結果顯示所指定的階層結構 img 成了 PRE，而 PRE 代表 Prefix，亦即字首、前綴之意。
所以 img/ 不是目錄，是被當成接在前頭的字串。

```
$ aws s3 ls --recursive s3://yamashita-20191102
2019-11-30 06:59:36       44273 img/yamamugi.png
2019-11-30 06:59:21       44273 yamamugi.png
```

查看時若再加上 --recursive 選項，便會以遞迴方式（逐一）輸出。

你也可以從管理控制台查看。

只要在 S3 儀表板的儲存貯體清單中點選你所建立的儲存貯體名稱連結，就會顯示出物件清單。

請按一下剛剛上傳的圖片物件的檔名連結。

這時會顯示出物件的詳細資訊。在「物件概觀」部分的下端，列出了「索引鍵」和「物件URL」資訊。

在物件 URL 上按滑鼠右鍵，選「在新分頁中開啟連結」。

```
This XML file does not appear to have any style information associated with it. The document tree is shown below.

▼<Error>
   <Code>AccessDenied</Code>
   <Message>Access Denied</Message>
   <RequestId>80AAD5F943426792</RequestId>
   <HostId>mQBmHcFZogSTWZh0eyPwj6Ick8cxteQI/uNYHp5CqRQzEwPn0JiaEMxJh1fTLVjA1hRi9d0GHBs=</HostId>
</Error>
```

結果被拒絕存取，顯示出錯誤訊息。

### 存取控制清單 (ACL)

將基本讀取/寫入許可授予 AWS 帳戶，進一步了解

| 承受者 | 物件 | 物件 ACL |
|---|---|---|
| 物件擁有者<br>正式 ID： | 讀取 | 讀取‧寫入 |
| 每個人 (公有存取)<br>群組： http://acs.amazonaws.com/groups/global/AllUsers | - | |
| 已驗證的使用者群組 (擁有 AWS 帳戶的任何人)<br>群組： http://acs.amazonaws.com/groups/global/AuthenticatedUsers | - | - |

編輯

回到顯示物件詳細資訊的頁面，往下捲動至「存取控制清單（ACL）」部分後發現，「每個人（公有存取）」群組的「讀取」權限顯示為「-」，也就是無權讀取。

你也可以透過終端機，使用如下指令來查看物件的存取控制清單。

```
$ aws s3api get-object-acl --bucket yamashita-20191102 --key yamamugi.png
```

系統會列出已授予的存取權限。而目前還不存在針對 Everyone（每個人）的公開設定。

```
$ aws s3api put-object-acl --acl public-read --bucket yamashita-20191102 --key yamamugi.png
```

執行如上指令，就能從 CLI 設定公開存取權限。

```
$ aws s3api get-object-acl --bucket yamashita-20191102 --key yamamugi.png
```

此時再次以如上指令查看存取控制清單，就會看到其中增加了如下的許可設定。

```
"Grantee": {
"Type": "Group",
"URI": "http://acs.amazonaws.com/groups/global/AllUsers"
},
"Permission": "READ"
```

從管理控制台查看存取控制清單，也會看到「每個人（公有存取）」群組的「讀取」權限變成了「讀取」。

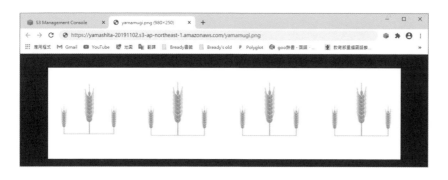

再次從瀏覽器存取其物件 URL，圖片就顯示出來了。

Chapter 7 / 操作檔案

我們已使用 AWS CLI 建立 S3 儲存貯體、上傳物件，還設定了存取控制清單。若這儲存貯體之後已不再需要，那就把它刪除吧！

```
$ aws s3 rb s3://yamashita-20191102 --force
```

請用 rb 指令來 remove bucket（刪除儲存貯體）。
而指定 --force 選項便能把存在其中的物件也一併刪除。

```
delete: s3://yamashita-20191102/img/yamamugi.png
delete: s3://yamashita-20191102/yamamugi.png
remove_bucket: yamashita-20191102
```

刪除完成。

### 7.3.2 如何封存及壓縮？

所謂封存（Archive），是將多個檔案打包在一起，以便傳遞或分發。而壓縮則是透過壓縮檔案的方式來縮小檔案。封存和壓縮這兩者經常會一起進行。

在 AWS 上使用 S3 等儲存服務時，使用封存和壓縮也是有效的。
在 S3 上所儲存的資料量和資料的傳送量，可是會影響帳單費用的多寡。因此若能夠降低資料量，就會有成本效益。
另外，下載、上傳時，所傳送的檔案越小，也越能節省時間。

現在讓我們先來準備一下用於練習封存、壓縮指令的檔案。
在此使用 /var/log/messages 檔。

```
$ mkdir -p ~/work/archive
$ sudo cp /var/log/messages* ~/work/archive/
$ sudo chmod -R 777 ~/work/archive/
$ cd ~/work
$ ls -l archive
ls -l
total 7176
-rwxr-xr-x 1 root root  294742 Mar  9 02:53 messages
-rwxr-xr-x 1 root root 1767498 Mar  9 02:53 messages-20200216
-rwxr-xr-x 1 root root 1750633 Mar  9 02:53 messages-20200223
-rwxr-xr-x 1 root root 1764728 Mar  9 02:53 messages-20200301
-rwxr-xr-x 1 root root 1763346 Mar  9 02:53 messages-20200308
```

像這樣準備多個檔案，後面練習時會比較容易看出效果，不過就算只準備了 1 個檔案，也並不影響操作步驟。

## 使用 tar 指令來操作封存檔

不論要建立還是解開封存檔，都要使用 tar 指令。
而其選項可分為決定執行動作的必要選項，以及附加選項兩種。

● 必要選項

-c：建立新的封存檔。

-A：將檔案加入至封存檔。

-delete：刪除封存檔中的檔案。

-r：將檔案加到封存檔的最末端。

-t：顯示封存檔內的檔案清單。

-x：解開封存檔。

● 一般附加選項

-f：指定封存檔。

-v：顯示所建立、解開之封存檔的檔案清單。

-z：以 gzip 格式壓縮、解開封存檔。

-j：以 bzip2 格式壓縮、解開封存檔。

```
$ tar cf archive.tar archive/
```

以上指令會將 archive 目錄封存成名為 archive.tar 的檔案。

其中 c 選項是指定要建立新的封存檔，而 f 選項則用來指定做為處理對象的目錄或檔案。

```
$ tar tf archive.tar
archive/
archive/messages
archive/messages-20200216
archive/messages-20200223
archive/messages-20200301
archive/messages-20200308

$ ls -l | grep archive.tar
-rw-r--r-- 1 ssm-user ssm-user 7352320 Mar  9 18:47 archive.tar
```

如上可看出，整個 archive 目錄已被封存起來。其中 t 選項是用來顯示封存檔的內容清單。
而 archive.tar 檔的大小，近似於所有封存在一起的檔案的合計值。

```
$ rm -r archive
$ tar xf archive.tar
```

以上指令先刪除了為封存來源的 archive 目錄後，再將 archive.tar 解開。結果又解出了一個
archive 目錄。
就像這樣，封存也可用於備份。

## 使用 gzip 指令壓縮檔案

gzip 會壓縮你指定的檔案。

```
$ gzip archive/messages
$ ls -l archive/ | grep gz
-rwxr-xr-x 1 ssm-user ssm-user   22271 Mar  9 02:53 messages.gz
```

壓縮前為 294,742 個位元組，壓縮後變成 22,271 個位元組，縮小至不到原本的十分之一。
gzip 指令會刪除壓縮前的檔案，只留下壓縮後的檔案。
壓縮好的檔案會自動加上副檔名 .gz。若要解開這種壓縮檔，可用同一指令加上「-d」選項。
而「gzip -d」和「gunzip」指令的作用相同。

```
$ gzip -d archive/messages.gz
```

將多個檔案打包封存時，多半都會順便壓縮。
只要在使用 tar 指令時多加一個「z」選項，便能一併完成壓縮處理。

```
$ tar czf archive.tar.gz archive/
$ ls -l | grep gz
-rw-r--r-- 1 ssm-user ssm-user 506068 Mar  9 21:00 archive.tar.gz
```

使用 tar 指令一併處理封存和壓縮動作時，需指定副檔名。
以此例來說，用 tar cf 指令建立封存檔時，檔案大小為 7,352,320 個位元組，而封存同時
壓縮後，檔案就縮小成 506,068 個位元組了。解開檔案時也是用 tar 指令，但要加上「z」
選項。

```
$ rm -r archive
$ tar xzvf archive.tar.gz
archive/
archive/messages-20200216
archive/messages-20200223
archive/messages-20200301
archive/messages-20200308
archive/messages
```

如上，此例在解開時，還加上了用來顯示檔案清單的 v 選項。

## 也可使用 bzip2 指令壓縮檔案

bzip2 指令也能壓縮檔案，且其壓縮率比 gzip 指令還高，可讓檔案變得更小。

```
$ bzip2 archive/messages
$ ls -l archive/ | grep bz2
-rwxr-xr-x 1 ssm-user ssm-user   14871 Mar  9 02:53 messages.bz2
```

先前用 gzip 指令壓縮時，messages 檔變成 22,271 個位元組，而這次用 bzip2 指令壓縮，檔案變得更小，只有 14,871 個位元組。

bzip2 指令也會刪除壓縮前的檔案，只留下壓縮後的檔案。

壓縮好的檔案會自動加上副檔名 .bz2。若要解開這種壓縮檔，可用同一指令加上「-d」選項。而「bzip2 -d」和「bunzip2」指令的作用相同。

```
$ bunzip2 archive/messages.bz2
```

只要在使用 tar 指令時多加一個「j」選項，便能一併完成封存與 bzip2 壓縮處理。

```
$ tar cjvf archive.tar.bz2 archive/
archive/
archive/messages-20200216
archive/messages-20200223
archive/messages-20200301
archive/messages-20200308
archive/messages

$ ls -l | grep bz2
-rw-r--r-- 1 ssm-user ssm-user 316904 Mar  9 21:12 archive.tar.bz2
```

Chapter 7 ／ 操作檔案

使用 tar 指令一併處理封存和壓縮動作時，需指定副檔名。

以此例來說，用 tar czf 指令建立封存檔時，檔案大小為 506,068 個位元組，而封存同時壓縮後，檔案就縮小成 316,904 個位元組了。

解開檔案時也是用 tar 指令，但要加上「j」選項。

```
$ rm -r archive
$ tar xjvf archive.tar.bz2
archive/
archive/messages-20200216
archive/messages-20200223
archive/messages-20200301
archive/messages-20200308
archive/messages
```

請依據你的檔案用途，從這兩種壓縮指令中選擇較合適的一方。壓縮程度會影響解壓縮的速度，壓縮率越高，解開所花的時間就越長。

例如以 Amazon Athena 搜尋儲存在 S3 上的資料時，需要較快解開的資料，通常都會使用 gzip 格式的壓縮。

## 還可以使用 zip 指令來壓縮

要與 Windows 等其他 OS 傳送、交換壓縮資料時，或是要將程式碼部署至 AWS Lambda 時，最好使用 zip 壓縮格式。

```
$ zip archive/messages.zip archive/messages
  adding: archive/messages (deflated 92%)
$ ls -l archive/ | grep zip
-rw-r--r-- 1 ssm-user ssm-user   22394 Mar  9 21:32 messages.zip
$ rm archive/messages.zip
```

zip 指令需指定壓縮後的檔名與要壓縮的對象，而壓縮對象檔在壓縮完成後不會被刪除。

此外要以 zip 指令壓縮多個資料對象時，需以「-r」選項針對目錄執行壓縮。

```
$ zip -r archive.zip archive
  adding: archive/ (stored 0%)
  adding: archive/messages-20200216 (deflated 93%)
  adding: archive/messages-20200223 (deflated 93%)
  adding: archive/messages-20200301 (deflated 93%)
  adding: archive/messages-20200308 (deflated 93%)
  adding: archive/messages (deflated 92%)
```

要解開 zip 壓縮檔時，請使用 unzip 指令。

```
$ rm -r archive
$ unzip archive.zip
Archive:  archive.zip
   creating: archive/
  inflating: archive/messages-20200216
  inflating: archive/messages-20200223
  inflating: archive/messages-20200301
  inflating: archive/messages-20200308
  inflating: archive/messages
```

### 7.3. 3 將封存資料儲存至 Amazon Glacier

本章先前介紹過名為 S3 的 Amazon 儲存服務，但其實在資料的儲存方面，你還有其他的選擇。

對於那些經過封存、壓縮處理，現在不需立刻存取，只想儲存起來的資料，若能將之儲存在 Amazon Glacier 上，其成本就會比用 S3 標準儲存更低。

雖然這部分本書不會詳細介紹，但建議各位讀者務必依據資料特性不同（是否需即時存取等），分別妥善運用 Glacier 和 S3 標準。

依需求分別運用 S3 或 Glacier 等 AWS 服務，以增進成本效益！

 ## 7.4 操作 EBS（Elastic Block Store）與 EFS（Elastic File System）

### 7.4. 1 升級 Amazon EBS（Elastic Block Store）

EBS 是附加於 EC2 執行個體的區塊儲存服務。

EC2 執行個體　　　　　EBS 磁碟區（8GB）

先前在本書第 3 章所說明的步驟中，我們建立的 Amazon Linux 2 執行個體附加了 8GB 的 EBS 磁碟區。

而接著就要為各位解說增加（升級）此 EBS 磁碟區容量的步驟。

# 變更 EBS 磁碟區的大小

於 AWS 管理控制台中,進入 EC2 頁面後,點選左側選單中的「Elastic Block Store」-「磁碟區」項目。

這樣就會顯示出目前有在線上的 EBS 磁碟區清單。

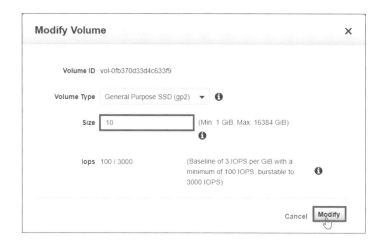

點選欲變更的 EBS 磁碟區,再點選「Actions」(動作)-「Modify Volume」(修改磁碟區)。這時會彈出修改磁碟區的交談窗,你可在此變更磁碟區大小。

讓我們改成 10GB 試試。

修改好數值後就按一下〔Modify〕(修改)鈕。

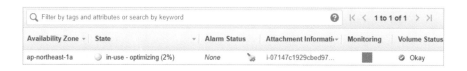

回到 EBS 磁碟區清單中,「State」(狀態)欄會顯示為「in-use - optimizing」。

待處理完成後,其狀態將變成 complete,且圖示也將恢復為綠色。當狀態變成 optimizing 時,就可進行下一步驟。

## 若你的 EC2 執行個體可以暫停

如果你所變更的 EC2 執行個體（Linux 伺服器）可以重新啟動，那麼藉由重新啟動，就能使其磁碟區大小的變更反映出來。

在重新啟動前，讓我們先確認一下磁碟區的大小。

```
$ df -h
Filesystem      Size  Used Avail Use% Mounted on
devtmpfs        475M     0  475M   0% /dev
tmpfs           492M     0  492M   0% /dev/shm
tmpfs           492M  352K  492M   1% /run
tmpfs           492M     0  492M   0% /sys/fs/cgroup
/dev/xvda1      8.0G  1.6G  6.5G  20% /
```

由最下面一行可看出，Linux OS 所認知的 /dev/xvda1 磁碟區大小為 8GB。

至 EC2 儀表板，點選左側選單中的「執行個體」項目，於執行個體清單中點選該 EC2 執行個體後，點選「執行個體狀態」-「重新啟動執行個體」。

待該執行個體成功重新啟動後，再用 df 指令查看磁碟區大小。

```
$ df -h
Filesystem      Size  Used Avail Use% Mounted on
devtmpfs        475M     0  475M   0% /dev
tmpfs           492M     0  492M   0% /dev/shm
tmpfs           492M  352K  492M   1% /run
tmpfs           492M     0  492M   0% /sys/fs/cgroup
/dev/xvda1       10G  1.6G  8.5G  16% /
```

如上，現在 Linux OS 所認知的磁碟區大小便是增大後的 10GB 了。

可輕鬆升級磁碟區大小呢！

## 若你的 EC2 執行個體不能暫停

首先，確認目前的磁碟區大小仍被認知為 8GB。

```
$ df -h
Filesystem       Size  Used Avail Use% Mounted on
devtmpfs         475M     0  475M   0% /dev
tmpfs            492M     0  492M   0% /dev/shm
tmpfs            492M  368K  492M   1% /run
tmpfs            492M     0  492M   0% /sys/fs/cgroup
/dev/xvda1       8.0G  2.9G  5.2G  36% /
```

接著為了識別磁碟區的檔案系統，請執行 file -s 指令。

```
$ sudo file -s /dev/xvd*
/dev/xvda:  x86 boot sector; partition 1: ID=0xee, starthead 0, startsector 1,
16777215 sectors, extended partition table (last)\011, code offset 0x63
/dev/xvda1: SGI XFS filesystem data (blksz 4096, inosz 512, v2 dirs)
```

如上可知，磁碟分割區為 /dev/xvda1，檔案系統則為 XFS。
而用 lsblk 指令可查看 /dev/xvda1 的磁碟分割區大小。

```
$ lsblk
NAME    MAJ:MIN RM SIZE RO TYPE MOUNTPOINT
xvda    202:0    0  10G  0 disk
└─xvda1 202:1    0   8G  0 part /
```

如上可知，相對於 xvda 磁碟區為 10GB，磁碟分割區 xvda1 所認知的大小卻只有 8GB。
為了擴展磁碟分割區，我們要執行「growpart」指令。

```
$ sudo growpart /dev/xvda 1
CHANGED: partition=1 start=4096 old: size=16773087 end=16777183 new: size=20967391 end=20971487
```

再次以 lsblk 指令查看。

```
$ lsblk
NAME    MAJ:MIN RM SIZE RO TYPE MOUNTPOINT
xvda    202:0    0  10G  0 disk
└─xvda1 202:1    0  10G  0 part /
```

這時該磁碟分割區所認知的大小就變成 10GB 了。

接下來再執行檔案系統的擴展指令「xfs_growfs」。

```
$ sudo xfs_growfs -d /
meta-data=/dev/xvda1              isize=512    agcount=4, agsize=524159 blks
         =                        sectsz=512   attr=2, projid32bit=1
         =                        crc=1        finobt=1 spinodes=0
data     =                        bsize=4096   blocks=2096635, imaxpct=25
         =                        sunit=0      swidth=0 blks
naming   =version 2               bsize=4096   ascii-ci=0 ftype=1
log      =internal                bsize=4096   blocks=2560, version=2
         =                        sectsz=512   sunit=0 blks, lazy-count=1
realtime =none                    extsz=4096   blocks=0, rtextents=0
data blocks changed from 2096635 to 2620923
```

如上，針對掛載點 / 執行 xfs_growfs -d 指令。

然後用 df 指令查看。

```
$ df -h
Filesystem       Size  Used Avail Use% Mounted on
devtmpfs         475M     0  475M   0% /dev
tmpfs            492M     0  492M   0% /dev/shm
tmpfs            492M  368K  492M   1% /run
tmpfs            492M     0  492M   0% /sys/fs/cgroup
/dev/xvda1        10G  2.9G  7.2G  29% /
```

成功擴展為 10GB 了。

就像這樣，即使不暫停伺服器，也能夠增加（升級）EBS 磁碟區的容量大小。

### 7.4.2 附加 Amazon EFS（Elastic File System）

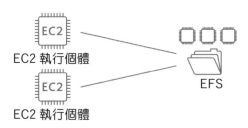

Amazon EFS（Elastic File System）是一種儲存服務，可供多個 EC2 執行個體做為通用檔案系統來掛載使用。

以下便為各位解說如何從啟動後的 EC2 執行個體掛載 EFS 檔案系統。

Chapter 7 / 操作檔案

於 AWS 管理控制台中,進入 EC2 頁面後,點選左側選單中的「安全群組」項目,再按一下右方內容中的〔建立安全群組〕鈕。

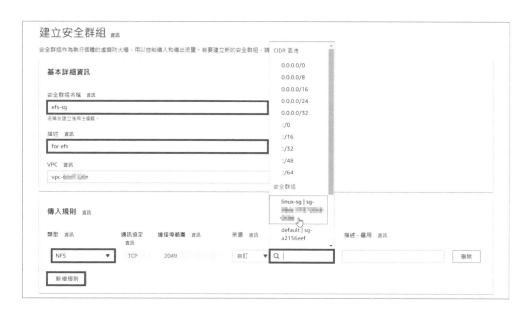

在「安全群組名稱」及「描述」欄位輸入自訂的任意名稱與說明文字。

按一下「傳入規則」區的〔新增規則〕鈕,將「類型」選為「NFS」,再點按「來源」欄位右側的放大鏡圖示,選擇其中的「linux-sg」。

如此便能建立出一個安全群組,而這個安全群組允許從使用 linux-sg 安全群組之 EC2 執行個體以 NFS 協定連線。

設定完成後,就按一下最下方的〔建立安全群組〕鈕。

於 AWS 管理控制台搜尋「EFS」服務，點選 EFS 以連結至 EFS 儀表板，點選左側選單中的「檔案系統」項目，再按一下其中的〔建立檔案系統〕鈕。

輸入自訂名稱後，留用預設的 VPC，按一下〔建立〕鈕。

Chapter 7 ／ 操作檔案

系統便會以預設設定建立出檔案系統。

點選新建立的檔案系統,按一下〔檢視詳細資訊〕鈕。

如此便可進入詳細資訊頁面,請將其下半部切換至「網路」頁次。

「檔案系統狀態」與「掛載目標狀態」都呈現為綠色文字，代表目前處於可用狀態。

請將以「fs-」起頭的檔案系統 ID 複製起來。

接著至 Amazon Linux 2 的 EC2 執行個體中執行以下指令。

```
$ sudo yum install -y amazon-efs-utils
```

安裝 Amazon EFS 掛載協助程式。

```
$ sudo mkdir /mnt/efs
$ sudo mount -t efs fs-9152b9b1/ /mnt/efs
```

這樣就完成 EFS 檔案系統的掛載了。

若你有多個 EC2 執行個體可測試，就可用 touch 等指令於 /mnt/efs 目錄中建立檔案，再試著從其他 EC2 執行個體連過去查看。

Chapter 7／操作檔案

**7.5 瞭解 Linux 檔案的其他操作**

**7.5.1 裝置檔**

裝置檔的存在是為了抽象化對硬體的存取。而這些裝置檔,都位於 dev 目錄中。

> 所謂裝置檔,就是用來操作磁碟機及
> CPU 等裝置的虛擬檔案!

```
$ sudo ls /dev
```

系統裡有各式各樣的裝置檔存在。例如「xvda」便是預留給根磁碟區使用的區塊型裝置。
我們可用 lsblk 指令來查看。

```
$ lsblk
NAME    MAJ:MIN RM SIZE RO TYPE MOUNTPOINT
xvda    202:0    0  10G  0 disk
└─xvda1 202:1    0  10G  0 part /
```

Linux 所認識的裝置資訊,都在 /proc 目錄下。
/proc 目錄裡有不具實體的虛擬檔案,也有可藉由參照來確認系統資訊的檔案。

**版本資訊**

```
$ sudo cat /proc/version
Linux version 4.14.152-127.182.amzn2.x86_64 (mockbuild@ip-10-0-1-129) (gcc version
7.3.1 20180712 (Red Hat 7.3.1-6) (GCC)) #1 SMP Thu Nov 14 17:32:43 UTC 2019
```

**CPU 資訊**

```
$ sudo cat /proc/cpuinfo
processor       : 0
vendor_id       : GenuineIntel
cpu family      : 6
model           : 63
model name      : Intel(R) Xeon(R) CPU E5-2676 v3 @ 2.40GHz
stepping        : 2
microcode       : 0x43
cpu MHz         : 2400.039
cache size      : 30720 KB
physical id     : 0
```

```
siblings       : 1
core id        : 0
cpu cores      : 1
apicid         : 0
initial apicid : 0
fpu            : yes
fpu_exception  : yes
cpuid level    : 13
wp             : yes
flags          : fpu vme de pse tsc msr pae mce cx8 apic sep mtrr pge mca cmov
pat pse36 clflush mmx fxsr sse sse2 ht syscall nx rdtscp lm constant_tsc rep_
good nopl xtopology cpuid pni pclmulqdq ssse3 fma cx16 pcid sse4_1 sse4_2 x2apic
movbe popcnt tsc_deadline_timer aes xsave avx f16c rdrand hypervisor lahf_lm abm
cpuid_fault invpcid_single pti fsgsbase bmi1 avx2 smep bmi2 erms invpcid xsaveopt
bugs           : cpu_meltdown spectre_v1 spectre_v2 spec_store_bypass l1tf
mds swapgs
bogomips       : 4800.15
clflush size   : 64
cache_alignment : 64
address sizes  : 46 bits physical, 48 bits virtual
power management:
```

**記憶體資訊**

```
sudo cat /proc/meminfo
MemTotal:         1007276 kB
MemFree:           445428 kB
MemAvailable:      770932 kB
Buffers:             2088 kB
Cached:            438532 kB
SwapCached:             0 kB
Active:            202360 kB
Inactive:          292532 kB
Active(anon):       54448 kB
Inactive(anon):       272 kB
Active(file):      147912 kB
Inactive(file):    292260 kB
Unevictable:            0 kB
Mlocked:                0 kB
SwapTotal:              0 kB
SwapFree:               0 kB
Dirty:                328 kB
Writeback:              0 kB
AnonPages:          54344 kB
Mapped:             85480 kB
Shmem:                400 kB
Slab:               39528 kB
SReclaimable:       25844 kB
```

```
SUnreclaim:        13684 kB
KernelStack:        2232 kB
PageTables:         3992 kB
NFS_Unstable:          0 kB
Bounce:                0 kB
WritebackTmp:          0 kB
CommitLimit:      503636 kB
Committed_AS:     456400 kB
VmallocTotal:   34359738367 kB
VmallocUsed:           0 kB
VmallocChunk:          0 kB
HardwareCorrupted:     0 kB
AnonHugePages:         0 kB
ShmemHugePages:        0 kB
ShmemPmdMapped:        0 kB
HugePages_Total:       0
HugePages_Free:        0
HugePages_Rsvd:        0
HugePages_Surp:        0
Hugepagesize:       2048 kB
DirectMap4k:       67584 kB
DirectMap2M:      980992 kB
```

### OS 開機時傳遞的參數

```
$ sudo cat /proc/cmdline
BOOT_IMAGE=/boot/vmlinuz-4.14.152-127.182.amzn2.x86_64 root=UUID=e8f49d85-e739-
436f-82ed-d474016253fe ro console=tty0 console=ttyS0,115200n8 net.ifnames=0
biosdevname=0 nvme_core.io_timeout=4294967295 rd.emergency=poweroff rd.shell=0
```

### 目前已設定完成的裝置

```
$ sudo cat /proc/devices
Character devices:
  1 mem
  4 /dev/vc/0
  4 tty
  4 ttyS
  5 /dev/tty
  5 /dev/console
  5 /dev/ptmx
  7 vcs
 10 misc
 13 input
128 ptm
136 pts
202 cpu/msr
```

```
203 cpu/cpuid
249 dax
250 hidraw
251 bsg
252 watchdog
253 rtc
254 tpm

Block devices:
  9 md
202 xvd
253 device-mapper
254 mdp
259 blkext
```

## 所支援的檔案系統

```
$ sudo cat /proc/filesystems
nodev    sysfs
nodev    rootfs
nodev    ramfs
nodev    bdev
nodev    proc
nodev    cpuset
nodev    cgroup
nodev    cgroup2
nodev    tmpfs
nodev    devtmpfs
nodev    debugfs
nodev    tracefs
nodev    securityfs
nodev    sockfs
nodev    bpf
nodev    pipefs
nodev    hugetlbfs
nodev    devpts
nodev    pstore
nodev    mqueue
nodev    autofs
nodev    dax
         xfs
nodev    rpc_pipefs
nodev    binfmt_misc
nodev    nfs
nodev    nfs4
```

Chapter 7 ／ 操作檔案

**掛載資訊**

```
$ sudo cat /proc/mounts
sysfs /sys sysfs rw,nosuid,nodev,noexec,relatime 0 0
proc /proc proc rw,nosuid,nodev,noexec,relatime 0 0

~ 省略 ~

fs-564d6677.efs.ap-northeast-1.amazonaws.com:/ /mnt/efs nfs4 rw,relatime,vers=4
.1,rsize=1048576,wsize=1048576,namlen=255,hard,noresvport,proto=tcp,timeo=600,r
etrans=2,sec=sys,clientaddr=172.31.45.84,local_lock=none,addr=172.31.33.252 0 0

~ 省略 ~
```

如上，也能看到我們剛剛練習掛載的 EFS 相關資訊。

**模組資訊**

```
$ sudo cat /proc/modules
rpcsec_gss_krb5 36864 0 - Live 0xffffffffa0565000
auth_rpcgss 73728 1 rpcsec_gss_krb5, Live 0xffffffffa0552000
nfsv4 655360 2 - Live 0xffffffffa0493000
dns_resolver 16384 1 nfsv4, Live 0xffffffffa03a2000
nfs 303104 2 nfsv4, Live 0xffffffffa0448000
lockd 106496 1 nfs, Live 0xffffffffa0425000
grace 16384 1 lockd, Live 0xffffffffa015c000
fscache 61440 2 nfsv4,nfs, Live 0xffffffffa040e000
binfmt_misc 20480 1 - Live 0xffffffffa0408000

~ 省略 ~
```

**磁碟分割區的分配資訊**

```
$ sudo cat /proc/partitions
major minor  #blocks  name

 202        0   10485760 xvda
 202        1   10483695 xvda1
```

## 7.5. 2 用雜湊函式（Hash Fnction）來摘要檔案內容

利用所謂的雜湊函式指令，我們能夠將檔案內容摘要成一定長度的字串。而這個一定長度的字串就叫做雜湊值。

雜湊值通常用於檢查複製時檔案是否有損壞，或是被竄改等。此外雜湊值為單向加密，故無法從雜湊值復原為原始資料。

在 Amazon Linux 2 上 可 使 用 的 雜 湊 函 式 指 令 有 md5sum、sha1sum、sha224sum、sha256sum、sha384sum、sha512sum。

另外還可利用 -c 選項來做檢查。以下便先建立測試用的文字檔,然後再示範其用法。

建立測試用的文字檔

```
$ echo HelloWorld > ~/work/hash.txt
$ cd ~/work
```

用 md5sum 輸出雜湊值

```
$ md5sum hash.txt
6df4d50a41a5d20bc4faad8a6f09aa8f  hash.txt
```

接著建立同樣內容的另一檔案並輸出湊值。

這時會得到同樣的雜湊值。

```
$ echo HelloWorld > hash2.txt
$ md5sum hash2.txt
6df4d50a41a5d20bc4faad8a6f09aa8f  hash2.txt
```

如果再建立第三個檔案,但稍微改變檔案內容。則所輸出的雜湊值就會完全不同。

```
$ echo HelloWorld! > hash3.txt
$ md5sum hash3.txt
90a6f0c908b76d95b8d9c0e6405b2fd5   hash3.txt
```

## 檢查上傳至 S3 的檔案的雜湊值

我們可利用雜湊值來檢查資料上傳至 S3 後,是否有損壞、缺漏。

在此以「openssl md5 -binary」指令輸出雜湊值。

```
$ openssl md5 -binary hash.txt | base64
bfTVCkGlOgvE+q2Kbwmqjw==
```

接著執行 s3api 指令同時指定 --content-md5 選項(譯註:需先於 S3 建立儲存貯體,詳見第 7.3 節之說明)。

```
$ aws s3api put-object \
--bucket hash-test2020 \
--key hash.txt \
--body hash.txt \
--content-md5 bfTVCkGlOgvE+q2Kbwmqjw==

{
    "ETag": "\"6df4d50a41a5d20bc4faad8a6f09aa8f\""
}
```

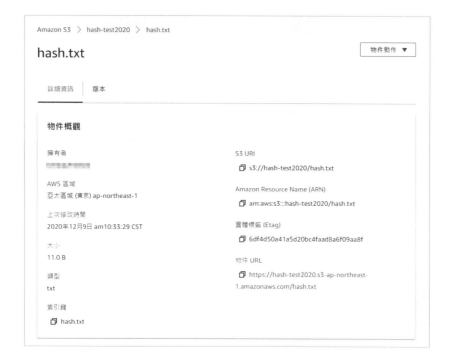

系統傳回雜湊值，表示上傳成功。雜湊值若不一致，便會輸出如下的錯誤回應，並取消上傳。

```
An error occurred (InvalidDigest) when calling the PutObject operation: The Content-MD5 you specified was invalid.
```

而上傳指令也可如下執行。

```
$ aws s3api put-object \
--bucket hash-test2020 \
--key hash.txt \
--body hash.txt \
--content-md5 $(openssl md5 -binary hash.txt | base64)
```

# 操作編輯器

# Chapter. 8　操作編輯器

在 Windows 等作業系統中，使用者可用記事本等文字編輯器來編輯文字檔。

而 Linux 也有多種文字編輯器可供使用。其中 vim 算是最常用的文字編輯器之一。在本章，就讓我們一起來瞭解 vim 最基本必學的操作方法。於設定及維護軟體時，也常常有機會用到 vim 喔！

此外，本章也將解說用於查看文字檔的 cat、less、tail 等指令。

> 不同於一般人平常習慣的編輯操作方式！

 ## 8.1　使用 Vim

和先前一樣，請使用 Systems Manager 裡的 Session Manager 來連接 Amazon Linux 2 的 EC2 執行個體。於本書撰寫時，Amazon Linux 2 預設就已安裝有 vim 編輯器。

首先來查看其版本。

```
$ vim --version
VIM - Vi IMproved 8.1 (2018 May 18, compiled Jul 17 2019 17:46:26)
Included patches: 1-1602
Modified by Amazon Linux https://forums.aws.amazon.com/
Compiled by Amazon Linux https://forums.aws.amazon.com/
～以下省略～
```

### 8.1. 1　啟動與關閉

使用「vim」指令即可啟動，而啟動時通常還會以參數形式指定新建立的檔名，或是欲編輯的既有檔案的名稱。

```
$ vim
```

```
              VIM - Vi IMproved

              version 8.1.1602
           by Bram Moolenaar et al.
  Modified by Amazon Linux https://forums.aws.amazon.com/
     Vim is open source and freely distributable

           Help poor children in Uganda!
  type  :help iccf<Enter>        for information

  type  :q<Enter>                to exit
  type  :help<Enter>  or  <F1>   for on-line help
  type  :help version8<Enter>    for version info
```

現在先直接關閉 vim 試試。就依照啟動畫面中所寫的「type :q<Enter> to exit」，以鍵盤輸入「:q」後按 [Enter] 鍵。

```
:q
```

### 8.1. 2 Vim 的模式

主要使用的模式包括以下這些。

- 一般模式
- 輸入模式
- 指令模式

你可透過鍵盤輸入的方式切換各模式。

| 目前的模式 | 欲切換的模式 | 具代表性的輸入按鍵 |
|:---:|:---:|:---:|
| 一般模式 | 輸入模式 | i |
| 一般模式 | 指令模式 | : |
| 輸入模式 | 一般模式 | esc |
| 指令模式 | 一般模式 | esc |

基本上都是經由一般模式切換至其他各模式。

現在先讓我們建立一個簡單的文字檔，並查看其模式。

在此使用本書先前已建立的通用主目錄下的 work 目錄來練習。

```
$ cd ~/work
$ vim sample.txt
```

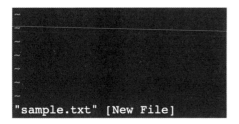

這樣就開啟了一個空的文字檔,只有左下角顯示著「"sample.txt" [New File]」。此時為一般模式。

讓我們切換到輸入模式試試。請按一下鍵盤上的 [i] 鍵。

顯示在左下角的訊息變成了「-- INSERT --」。請試著於游標所在處輸入任意文字。

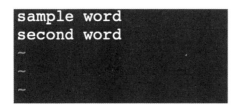

成功輸入了文字。接著按一下 [Esc] 鍵以回到一般模式。當你不確定自己目前處於什麼模式時,只要按 [Esc] 鍵便能回到一般模式。

從一般模式切換至指令模式後,依序按下 [w]、[Enter] 鍵,即可儲存檔案。

而你也可記成在一般模式下輸入「[:] [w]」(依序按下 [:]、[w]、[Enter] 鍵),即可儲存檔案。

檔案儲存完成後,就可輸入「[:] [q]」來關閉編輯器。

除了先輸入「[:] [w]」再輸入「[:] [q]」的做法外,於一般模式輸入「[Z] [Z]」(連按兩次大寫 [Z] 鍵),亦可一併完成「儲存後關閉」的操作。

### 8.1. 3 指令模式

可在指令模式中使用的指令相當多，一般建議記住如下的幾個主要指令即可。

- :w - 覆寫儲存
- :w 檔名 - 另存為指定的檔名
- :q - 關閉 vim
- :q! - 強制關閉 vim（即使有未儲存的內容仍直接關閉）

當你不小心做了錯誤的編修、更動，想直接關閉 vim 不存檔時，便可利用「:q!」指令來強制關閉後再重新處理。

### 8.1. 4 一般模式

以下介紹在一般模式中常用的指令。而能夠一次刪除多行的指令可說是相當方便好用。

- h - 將游標往左移
- j - 將游標往下移
- k - 將游標往上移
- l - 將游標往右移
- 0 - 跳至行首
- $ - 跳至行末
- G - 跳至最後一行（輸入數字後緊接著輸入 G，則可跳至指定行）
- gg - 跳至第一行
- D - 刪除從目前游標至行末為止的內容
- x - 刪除游標所在處的字元
- dd - 刪除行（輸入數字後緊接著輸入 dd，則可一次刪除多行）
- ZZ - 儲存後關閉
- / 字串 - 往下搜尋字串
- ? 字串 - 往上搜尋字串
- n - 移至下一個搜尋結果
- N - 移至前一個搜尋結果

## 8.2 參照檔案內容

### 8.2. 1 用 cat 指令連接檔案

以 man 查看 cat 指令的說明便會看到「concatenate files and print on the standard output」這樣的描述，亦即使用此指令時若指定多個檔案，就能將多個檔案連接起來顯示。

Chapter 8 / 操作編輯器

例如我們用前述的 vim 指令建立 2 個新的文字檔，檔名和文字內容都可隨意自訂，假設其中一個檔案的內容為「Hello」且命名儲存為 test1.txt。

而另一個檔案的內容則為「World」，並命名儲存為 test2.txt。

接著就用 cat 指令來連接兩者試試。

```
$ cat test1.txt test2.txt
Hello
World
```

這 2 個檔案的內容被連接成 2 行輸出。在 Linux 中，有一種將輸出內容寫入檔案的所謂「重新導向」操作。

因此只要將 cat 指令的輸出結果重新導向，就能把多個檔案連接成一個新檔案。

```
$ cat test1.txt test2.txt > test3.txt
$ cat -n test3.txt
     1  Hello
     2  World
```

如上所示，cat 指令具有連接多個檔案的功能，不過此指令也經常用於查看單一檔案的內容。

此外你還能利用 -n 選項來顯示行號。

而行號的顯示亦可用「nl」指令執行。nl 指令可指定更詳細的設定。

```
$ nl test3.txt
     1  Hello
     2  World
```

連接多個檔案時，若使用「paste」指令，則可指定插入特定的分隔字元。

```
$ paste -d! test1.txt test2.txt
Hello!World
```

## 8.2.2 使用 less 指令

以如前述行數少的檔案來說，cat 指令便很夠用，但若是碰到很大的日誌檔，用 cat 指令查看可是會很辛苦呢！

下面便以 Amazon Linux 2 啟動時所執行的處理日誌檔為例，實際看看用不同指令查看的狀況。

雖然本例的檔案路徑稍嫌長了點，但只要在輸入指令的過程中搭配 Tab 鍵讓系統列出候選項目，就能輕鬆地輸入正確路徑。

```
$ cat /var/log/cloud-init-output.log
```

```
--> Running transaction check
---> Package kernel-tools.x86_64 0:4.14.152-127.182.amzn2 will be updated
---> Package kernel-tools.x86_64 0:4.14.154-128.181.amzn2 will be an update
--> Finished Dependency Resolution

Dependencies Resolved

================================================================================
 Package              Arch         Version                   Repository    Size
================================================================================
Updating:
 kernel-tools         x86_64       4.14.154-128.181.amzn2    amzn2-core    122 k

Transaction Summary
================================================================================
Upgrade  1 Package

Total download size: 122 k
Downloading packages:
Delta RPMs disabled because /usr/bin/applydeltarpm not installed.
Running transaction check
Running transaction test
Transaction test succeeded
Running transaction
  Updating   : kernel-tools-4.14.154-128.181.amzn2.x86_64                   1/2
  Cleanup    : kernel-tools-4.14.152-127.182.amzn2.x86_64                   2/2
  Verifying  : kernel-tools-4.14.154-128.181.amzn2.x86_64                   1/2
  Verifying  : kernel-tools-4.14.152-127.182.amzn2.x86_64                   2/2

Updated:
  kernel-tools.x86_64 0:4.14.154-128.181.amzn2

Complete!
Cloud-init v. 18.5-2.amzn2 running 'modules:final' at Sat, 30 Nov 2019 02:14:15 +0000. Up 20.59 seconds.
ci-info: no authorized ssh keys fingerprints found for user ec2-user.
Cloud-init v. 18.5-2.amzn2 finished at Sat, 30 Nov 2019 02:14:15 +0000. Datasource DataSourceEc2.  Up 20.90 seconds
sh-4.2$
```

一執行就一口氣輸出所有內容，上方都被畫面截斷了。雖然只要把終端機畫面往上捲動還是能夠閱讀，但實在麻煩。在這種情況下，「less」指令就能派上用場了。

請如下將 cat 指令換成 less 試試。

```
$ less /var/log/cloud-init-output.log
```

依據檔案的狀況不同，分別運用不同的指令！

Chapter 8／操作編輯器

```
Cloud-init v. 18.5-2.amzn2 running 'init-local' at Sat, 30 Nov 2019 02:14:01 +0000. Up 6.22 seconds.
Cloud-init v. 18.5-2.amzn2 running 'init' at Sat, 30 Nov 2019 02:14:03 +0000. Up 8.93 seconds.
ci-info: ++++++++++++++++++++++++++++++++++Net device info+++++++++++++++++++++++++++++++++++
ci-info: +--------+------+------------------------------+---------------+--------+-------------------+
ci-info: | Device |  Up  |            Address           |      Mask     | Scope  |     Hw-Address    |
ci-info: +--------+------+------------------------------+---------------+--------+-------------------+
ci-info: |  eth0  | True |         172.31.45.84         | 255.255.240.0 | global | 06:09:62:fe:27:3a |
ci-info: |  eth0  | True |    fe80::409:62ff:fefe:273a/64    |       .       |  link  | 06:09:62:fe:27:3a |
ci-info: |   lo   | True |          127.0.0.1           |   255.0.0.0   |  host  |         .         |
ci-info: |   lo   | True |            ::1/128           |       .       |  host  |         .         |
ci-info: +--------+------+------------------------------+---------------+--------+-------------------+
ci-info: ++++++++++++++++++++++Route IPv4 info++++++++++++++++++++++
ci-info: +-------+---------------+------------+-----------------+-----------+-------+
ci-info: | Route |  Destination  |   Gateway  |     Genmask     | Interface | Flags |
ci-info: +-------+---------------+------------+-----------------+-----------+-------+
ci-info: |   0   |    0.0.0.0    | 172.31.32.1|     0.0.0.0     |    eth0   |   UG  |
ci-info: |   1   | 169.254.169.254|   0.0.0.0  | 255.255.255.255 |    eth0   |   UH  |
ci-info: |   2   |  172.31.32.0  |   0.0.0.0  |  255.255.240.0  |    eth0   |   U   |
ci-info: +-------+---------------+------------+-----------------+-----------+-------+
ci-info: +++++++++++++++++Route IPv6 info+++++++++++++++++
ci-info: +-------+-------------+---------+-----------+-------+
ci-info: | Route | Destination | Gateway | Interface | Flags |
ci-info: +-------+-------------+---------+-----------+-------+
ci-info: |   9   |  fe80::/64  |    ::   |    eth0   |   U   |
ci-info: |   11  |    local    |    ::   |    eth0   |   U   |
ci-info: |   12  |   ff00::/8  |    ::   |    eth0   |   U   |
ci-info: +-------+-------------+---------+-----------+-------+
Cloud-init v. 18.5-2.amzn2 running 'modules:config' at Sat, 30 Nov 2019 02:14:05 +0000. Up 10.86 seconds.
Loaded plugins: extras_suggestions, langpacks, priorities, update-motd
Existing lock /var/run/yum.pid: another copy is running as pid 3365.
Another app is currently holding the yum lock; waiting for it to exit...
  The other application is: yum
    Memory :  31 M RSS (321 MB VSZ)
    Started: Sat Nov 30 02:14:04 2019 - 00:02 ago
    State  : Sleeping, pid: 3365
Another app is currently holding the yum lock; waiting for it to exit...
/var/log/cloud-init-output.log
```

這次終端機只顯示了從該檔案開頭到畫面底端範圍的內容。

除了按 Enter 鍵便可逐行往下捲動外,你也可以往上捲動,或是一次捲動一整個畫面。捲動的指令鍵如下。

- Enter、J - 往下捲動 1 行
- b - 往上捲動 1 個畫面
- k - 往上捲動 1 行
- q - 結束 less 指令
- ▢ (空白鍵)、f - 往下捲動 1 個畫面

搜尋操作與 vim 一樣,可用「/」來搜尋字串。

例如輸入「/yum」後按 Enter 鍵便可搜尋「yum」字串。

```
Existing lock /var/run/yum.pid: another copy is running as pid 3365.
Another app is currently holding the yum lock; waiting for it to exit...
  The other application is: yum
    Memory :  31 M RSS (321 MB VSZ)
    Started: Sat Nov 30 02:14:04 2019 - 00:02 ago
    State : Sleeping, pid: 3365
Another app is currently holding the yum lock; waiting for it to exit...
  The other application is: yum
    Memory :  55 M RSS (346 MB VSZ)
    Started: Sat Nov 30 02:14:04 2019 - 00:04 ago
    State : Running, pid: 3365
Another app is currently holding the yum lock; waiting for it to exit...
  The other application is: yum
    Memory : 106 M RSS (397 MB VSZ)
    Started: Sat Nov 30 02:14:04 2019 - 00:06 ago
    State : Running, pid: 3365
--> python-devel-2.7.16-3.amzn2.0.1.x86_64 from installed removed (updateinfo)
--> file-5.11-33.amzn2.0.2.x86_64 from installed removed (updateinfo)
--> python-2.7.16-3.amzn2.0.1.x86_64 from installed removed (updateinfo)
--> python-libs-2.7.16-4.amzn2.x86_64 from amzn2-core removed (updateinfo)
--> file-5.11-35.amzn2.0.1.x86_64 from amzn2-core removed (updateinfo)
--> python-2.7.16-4.amzn2.x86_64 from amzn2-core removed (updateinfo)
--> yum-3.4.3-158.amzn2.0.3.noarch from amzn2-core removed (updateinfo)
--> rpm-libs-4.11.3-40.amzn2.0.3.x86_64 from amzn2-core removed (updateinfo)
```

結果檔案中的 yum 字串都被反白顯示。同樣地,按 n 可移至下一個搜尋結果,按 N 則移至前一個搜尋結果。

### 8.2. 3 使用 tail 指令只查看末尾部分

只顯示檔案末尾部分的 tail 這個指令，經常用於追蹤被寫入至日誌檔的日誌記錄。請執行如下的指令試試。

```
$ sudo tail -f -n 20 /var/log/messages
```

```
sh-4.2$ sudo tail -f -n 20 /var/log/messages
Nov 30 11:01:08 ip-172-31-45-84 systemd: Starting User Slice of root.
Nov 30 11:01:08 ip-172-31-45-84 systemd: Started Session c9 of user root.
Nov 30 11:01:08 ip-172-31-45-84 systemd-logind: New session c9 of user root.
Nov 30 11:01:08 ip-172-31-45-84 systemd: Starting Session c9 of user root.
Nov 30 11:01:14 ip-172-31-45-84 systemd-logind: Removed session c9.
Nov 30 11:01:14 ip-172-31-45-84 systemd: Removed slice User Slice of root.
Nov 30 11:01:14 ip-172-31-45-84 systemd: Stopping User Slice of root.
Nov 30 11:01:21 ip-172-31-45-84 systemd: Created slice User Slice of root.
Nov 30 11:01:21 ip-172-31-45-84 systemd: Starting User Slice of root.
Nov 30 11:01:21 ip-172-31-45-84 systemd: Started Session c10 of user root.
Nov 30 11:01:21 ip-172-31-45-84 systemd-logind: New session c10 of user root.
Nov 30 11:01:21 ip-172-31-45-84 systemd: Starting Session c10 of user root.
Nov 30 11:01:34 ip-172-31-45-84 systemd-logind: Removed session c10.
Nov 30 11:01:34 ip-172-31-45-84 systemd: Removed slice User Slice of root.
Nov 30 11:01:34 ip-172-31-45-84 systemd: Stopping User Slice of root.
Nov 30 11:01:38 ip-172-31-45-84 systemd: Created slice User Slice of root.
Nov 30 11:01:38 ip-172-31-45-84 systemd: Starting User Slice of root.
Nov 30 11:01:38 ip-172-31-45-84 systemd: Started Session c11 of user root.
Nov 30 11:01:38 ip-172-31-45-84 systemd-logind: New session c11 of user root.
Nov 30 11:01:38 ip-172-31-45-84 systemd: Starting Session c11 of user root.
Nov 30 11:02:07 ip-172-31-45-84 dhclient[3042]: XMT: Solicit on eth0, interval 126720ms.
Nov 30 11:03:11 ip-172-31-45-84 amazon-ssm-agent: 2019-11-30 11:03:11 INFO [HealthCheck] HealthCheck reporting agent health.
```

這樣就輸出了寫入於 /var/log/messages 的 Linux OS 日誌記錄。

而執行以上指令後稍等一會兒，便會看到又有新的記錄被寫入並顯示出來。

-n 選項可指定一開始顯示的行數。若未指定，則預設顯示 10 行。

-f 選項可進行後續追蹤監控。

而欲終止 tail -f 指令時，請按 Ctrl + C 鍵。

### 8.2. 4 使用 head 指令查看開頭部分

只想查看檔案的開頭部分時，可使用 head 指令。

```
$ sudo head -n 20 /var/log/messages
```

和 tail 指令一樣，你可用 -n 選項來指定欲顯示的行數。

## 8.3 操作檔案內容

### 8.3. 1 要取出字元時就用 cut

cut 這個指令可從各行的指定位置取出字元。當你遇到以分隔字元分隔各欄位的文字資料時，也可利用 cut 來輸出特定欄位的資料。

以下以 /etc/passwd 為例示範。

**輸出第 1 個字元到第 10 個字元**

```
$ cut -c 1-10 /etc/passwd

root:x:0:0
bin:x:1:1:
daemon:x:2
adm:x:3:4:
lp:x:4:7:1
sync:x:5:0
shutdown:x
halt:x:7:0
mail:x:8:1
operator:x
games:x:12
ftp:x:14:5
nobody:x:9
systemd-ne
dbus:x:81:
rpc:x:32:3
libstorage
sshd:x:74:
rpcuser:x:
nfsnobody:
ec2-instan
postfix:x:
chrony:x:9
tcpdump:x:
ec2-user:x
ssm-user:x
cwagent:x:
mitsuhiro:
apache:x:4
```

**只從 /etc/passwd 檔中，輸出每行的第 1、3、4 個欄位**

```
$ cut -d: -f 1,3-4 /etc/passwd

root:0:0
bin:1:1
daemon:2:2
adm:3:4
lp:4:7
sync:5:0
shutdown:6:0
halt:7:0
mail:8:12
operator:11:0
games:12:100
```

```
ftp:14:50
nobody:99:99
systemd-network:192:192
dbus:81:81
rpc:32:32
libstoragemgmt:999:997
sshd:74:74
rpcuser:29:29
nfsnobody:65534:65534
ec2-instance-connect:998:996
postfix:89:89
chrony:997:995
tcpdump:72:72
ec2-user:1000:1000
ssm-user:1001:1001
cwagent:996:994
mitsuhiro:1002:1002
apache:48:48
```

### 8.3. 2 要排序就用 sort 指令

我們可用 sort 指令來排序檔案內容。

**將 etc/passwd 檔的內容依使用者名稱排序後輸出**

```
$ sort /etc/passwd

adm:x:3:4:adm:/var/adm:/sbin/nologin
apache:x:48:48:Apache:/usr/share/httpd:/sbin/nologin
bin:x:1:1:bin:/bin:/sbin/nologin
chrony:x:997:995::/var/lib/chrony:/sbin/nologin
cwagent:x:996:994::/home/cwagent:/bin/bash

～後略～
```

**另外還可利用 -r 選項指定採取遞減排序**

```
$ sort -r /etc/passwd

tcpdump:x:72:72:::/sbin/nologin
systemd-network:x:192:192:systemd Network Management:/:/sbin/nologin
sync:x:5:0:sync:/sbin:/bin/sync

～後略～
```

### 8.3. 3 要分割檔案就用 split 指令

我們可用 split 指令將 1 個檔案依指定的行數分割。例如以下先將 /vsr/log/messages 檔複製到測試用目錄中，再進行分割。而分割時，必須指定每幾行要分割一次，以及分割檔的檔名。

```
$ sudo cp /var/log/messages ~/work/messages
$ sudo split -100 messages sp_messages.
sh-4.2$ ls |grep messages
messages
sp_messages.aa
sp_messages.ab
sp_messages.ac
```

##  8.4 瞭解檔案內容的其他操作

### 8.4. 1 欲查看字元數等資訊時就用 wc 指令

我們可用 wc 指令來輸出檔案內容的行數、單字數、字元數。以下便利用剛剛介紹 split 指令時用的 messages 檔來示範。

```
$ sudo wc messages
  26242   312878 2745525 messages
```

接著再對其中一個分割檔執行看看。

```
$ sudo wc sp_messages.aa
  100   1219 10914 sp_messages.aa
```

由上可看出，這確實是每 100 行分割一次而成的結果。

### 8.4. 2 用 xargs 指令處理參數

我們可用 xargs 指令，將從標準輸入取得的字串做為參數來執行指令。即使參數數量超過 Shell 的限制，也可執行。

以下便示範使用 xargs 指令，將先前以 split 指令分割出的檔案刪除。

```
$ ls ~/work | grep sp_messages. | xargs sudo rm
```

Chapter

# 9

## 設定權限
（Permission）

# 設定權限（Permission）

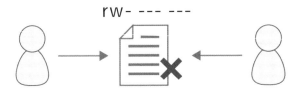

在前一章中查看日誌檔的內容時，我們是以 sudo 來執行指令。這是因為透過 Session Manager 進行操作的使用者 ssm-user 對 messages 日誌檔不具有存取權限的關係。

讓我們來查看 messages 日誌檔的權限。

```
$ ls -l /var/log/messages
-rw------- 1 root root 188575 Nov 30 11:15 /var/log/messages
```

執行 ls 指令並加上 -l 選項，便能查看檔案的詳細資訊。而從這些輸出內容中，也能看得到檔案及目錄的權限資訊。如上所示，只有 root 使用者對 messages 具有可讀取及寫入的權限。其他使用者都不具權限。

因此，ssm-user 欲存取 messages 時，就必須使用 sudo。

接著來看看其他日誌檔又是如何。

```
$ ls -l /var/log
total 380
drwxr-xr-x  3 root     root                17 Nov 30 02:14 amazon
drwx------  2 root     root                23 Nov 30 02:14 audit
-rw-------  1 root     root             15061 Nov 30 02:14 boot.log
-rw-------  1 root     utmp                 0 Nov 18 22:58 btmp
drwxr-xr-x  2 chrony   chrony               6 Feb 21  2019 chrony
-rw-r--r--  1 root     root              6828 Nov 30 02:14 cloud-init-output.log
-rw-r--r--  1 root     root             92974 Nov 30 02:14 cloud-init.log
-rw-------  1 root     root              8383 Nov 30 11:20 cron
-rw-r--r--  1 root     root             26863 Nov 30 02:14 dmesg
-rw-r--r--  1 root     root               193 Nov 18 22:58 grubby_prune_debug
drwxr-sr-x+ 3 root     systemd-journal     46 Nov 30 02:13 journal
-rw-r--r--  1 root     root            292584 Nov 30 02:16 lastlog
-rw-------  1 root     root               210 Nov 30 02:14 maillog
-rw-------  1 root     root            189709 Nov 30 11:22 messages
drwxr-xr-x  2 root     root                18 Nov 30 02:14 sa
-rw-------  1 root     root              5672 Nov 30 11:15 secure
```

```
-rw-------  1 root   root                        0 Nov 18 22:58 spooler
-rw-------  1 root   root                        0 Nov 18 22:58 tallylog
-rw-rw-r--  1 root   utmp                     2304 Nov 30 02:14 wtmp
-rw-------  1 root   root                       68 Nov 30 02:14 yum.log
```

指定 -l 選項時，第 1 個字元顯示為 d 者代表目錄，為 - 則代表檔案。而緊接著的 9 個字元代表權限，説明了誰能夠做些什麼。除特殊情況外，這 9 個字元可分成 3 組各 3 個字元。

然後就如上例，絕大多數檔案都會再接著 2 個 root。這代表了檔案的擁有者和所屬群組都是 root。

## 9.1 擁有者與所屬群組

```
$ ls -l /var/log/messages
-rw------- 1 root root 188575 Nov 30 11:15 /var/log/messages
```

/var/log/messages 的擁有者是 root，所屬檔案群組也是 root。

第 1 個是檔案擁有者，第 2 個是檔案的群組。

建立檔案的人就會成為該檔案的擁有者，不過事後仍可變更。

## 9.2 權限怎麼看？

# rwx rwx rwx
擁有者的權限　　　群組的權限　　　其他使用者的權限

代表權限的 9 個字元可分成 3 組各 3 個字元。

第 1 組的 3 個字元代表擁有者的權限，接著第 2 組的 3 個字元代表群組的權限，而最後 1 組的 3 個字元則代表非擁有者也非群組的其他使用者的權限。

- r - Read 讀取
- w - Write 寫入
- x - Execute 執行

# r - - - - - - - -
擁有者的權限　　　群組的權限　　　其他使用者的權限

從 /var/log/messages 的權限資訊看來，其擁有者具有讀取及寫入的權限，但群組和其他使用者都不具任何權限。

**9.3** **變更擁有者與所屬群組**

我們可使用 chown 指令來變更擁有者及所屬群組。例如針對 Web 伺服器上的內容,賦予權限給啟動 Web 伺服器程序的 apache 使用者和 apache 群組等。在本書的第 17 章中,將介紹如何以名為 WordPress 的 OSS(Open Source Software,開放原始碼軟體)來建構公開於網際網路的部落格伺服器。

而其中便有個步驟是要針對下載來的 WordPress 檔案,以 chown 指令變更其擁有者和所屬群組,故這部分你可於之後實際建構伺服器時確認其用法。

```
$ sudo chown -R apache:apache /var/www/wordpress
```

 **9.4** **變更權限**

我們可使用 chmod 指令來變更權限。

而權限有幾種不同的指定方式,在此介紹的是常用的 8 進位數指定法。

- r – 4
- w – 2
- x - 1

這種指定方式是以上列數字的合計值來指定 3 組各 3 個字元的權限。

**例如指定 777**

```
$ chmod 777 test1.txt
$ ls -l test1.txt
-rwxrwxrwx 1 ssm-user ssm-user 6 Nov 30 09:23 test1.txt
```

**例如指定 600**

```
$ chmod 600 test2.txt
$ ls -l test2.txt
-rw------- 1 ssm-user ssm-user 6 Nov 30 09:23 test2.txt
```

**例如指定 755**

```
$ chmod 755 test3.txt
$ ls -l test3.txt
-rwxr-xr-x 1 ssm-user ssm-user 12 Nov 30 09:35 test3.txt
```

因為沒有權限而出現錯誤時,系統會顯示出「Permission denied」的訊息,這時請記得要查看權限喔。

```
$ cat /var/log/messages
cat: /var/log/messages: Permission denied
```

Chapter

# 10

執行指令碼
（Script）

# Chapter.10 執行指令碼（Script）

```
if [ "$1" = "ok" ]; then
        echo "OK"
else
        echo "NG"
fi
```

至此為止我們已見過也試過不少指令。但當每個月必須在特定的日期、每週必須在固定的一天，或是每天必須在特定的時間進行同樣的作業時，若每次都以手動方式執行指令的話，不僅沒效率，還有可能不小心犯錯。

又或者假設某項作業雖然只需做一次，但不允許任何失誤，必須執行和測試時一模一樣的指令多次才行。

在這類情況下，最好不要以手動方式執行指令，應採取自動化的執行方式，或是將之建立為 Shell 指令碼，以便一併執行所有指令。

##  10.1 建立 Shell 指令碼並執行

### 10.1. 1 首先執行簡單的 Shell 指令碼試試

請用 Systems Manager 裡的 Session Manager 連線後，進入 work 目錄。

讓我們建立簡單的 Shell 指令碼並嘗試執行。

```
$ cd ~/work
$ vim helloworld.sh
```

啟動 vim 後，切換至輸入模式，輸入如下內容並存檔。

```
#!/bin/bash
echo "Hello World!"
```

接著替擁有者設定執行權限。

```
$ chmod 700 helloworld.sh
```

執行此指令碼。

```
$ ./helloworld.sh
Hello World!
```

執行成功。

第 1 行的「#!/bin/bash」是指定此 Shell 指令碼要在「/bin/bash」執行。只要像這樣建立指令的集合,便能將定期作業自動化,也能確實執行經過驗證的作業。

不過,Shell 指令碼的能力有限,還是必須依狀況運用才行。根據處理的內容不同,或許有其他更合適的程式語言也說不定。

而接下來,就讓我們來嘗試一些可在 Shell 指令碼中使用的基本程式寫法及語法。

### 10.1.2 指令碼內的換行與註解方法

為了讓指令碼更清楚易讀,儘管對執行結果本身並無影響,我們有時還是會想在描述某項處理的行中換行,或是加上供人閱讀的說明文字。

```
#!/bin/bash
echo \
"Hello \
World!"
```

只要在想換行處輸入反斜線符號,即可換行。

```
#!/bin/bash

###############################
# 輸出 Hello World 的 Shell 指令碼 #
###############################

echo \
"Hello \
World!" #最後一行
```

寫在「#」之後的就是註解。而註解可以是獨立的一整行,也可以只限於註解符號(#)之後的部分。

**Shell 指令碼中的變數、參數用法**

藉由變數的使用，我們就能運用動態值，或是將 Shell 指令碼中間設定的值統一放在最上方清楚易見的位置。

```
#!/bin/bash

###############################
# 輸出 Hello World 的 Shell 指令碼 #
###############################

hello="Hello World!" #Output

echo $hello
```

此外，還可使用 date 指令以指令替換的方式來動態運用日期時間值，輸出日誌記錄輸出時的日期時間。

```
#!/bin/bash

###############################
# 輸出 Hello World 的 Shell 指令碼 #
###############################

hello="Hello World!" #Output
datestr=$(date '+%Y-%m-%d')

echo $(date '+%Y-%m-%d %H:%M:%S') \
        $hello $datestr
```

執行如上的 Shell 指令碼時，會輸入如下內容。

```
./helloworld.sh
2019-11-03 14:31:37 Hello World! 2019-11-03
```

而在執行指令時，例如 cp 指令便設定有複製來源檔路徑與複製目標檔路徑的參數。

像這樣每次執行指令時都會傳遞值以供執行處理的具高度通用性的 Shell 指令碼，我們也能夠建立出來。

```
$ vim parameter.sh
```

```
#!/bin/bash

echo $0
echo $1
echo $2
```

將以上內容存成 parameter.sh 檔。

接著設定執行權限後，傳入「a」和「b」兩個字元做為參數來執行。

```
$ chmod 700 parameter.sh
$ ./parameter.sh a b
./parameter.sh
a
b
```

結果在 $0 的位置輸出了 parameter.sh，然後在 $1 和 $2 的位置則分別輸出了 a 和 b。

像這樣以參數形式依序指定各個設定值，就能在 Shell 指令碼內被接收並處理。

 ## 10.2 執行條件式（if、case）與迴圈（for、while）

### 10.2.1 設定條件式（if、case）

正如各種程式語言都有 if 條件式語法，Shell 指令碼也有 if 語法可用。

藉由 if 語法的運用，就能依條件及狀況分別處理，像是只針對特定參數進行處理等。

```
$ vim if.sh
```

```
#!/bin/bash

if [ "$1" = "ok" ]; then
        echo "OK"
else
        echo "NG"
fi
```

其中「"$1"」和「"ok"」與等號、方括弧（[ 和 ]）之間都必須以半形空格隔開。

```
$ chmod 700 if.sh
$ ./if.sh ok
OK
```

```
$ ./if.sh
NG
```

只有參數為 ok 時會輸出 OK，除此之外的其他狀況都輸出 NG。

而可用於比較的，除了如上的等號（＝）外，還有別的運算子。

- 1 != 2　　1 不等於 2
- 1 -eq 2　　1 等於 2
- 1 -ne 2　　1 不等於 2
- 1 -lt 2　　1 小於 2
- 1 -le 2　　1 小於或等於 2
- 1 -gt 2　　1 大於 2
- 1 -ge 2　　1 大於或等於 2

另外也來試試多個條件的分歧控制語法 case。

```
$ vim case.sh
```

```
#!/bin/bash

case "$1" in
    "ok")
            echo "OK"
            ;;
    "good")
            echo "GOOD"
            ;;
    *)
            echo "NG"
            ;;
esac
```

參數為 ok 時會輸出 OK，為 good 時會輸出 GOOD，除此之外的其他狀況都輸出 NG。

```
$ chmod 700 case.sh
$ ./case.sh ok
OK
$ ./case.sh good
GOOD
$ ./case.sh
NG
```

執行結果符合預期。

### 10.2.2 執行迴圈（for、while）

將指令編入程式的好處之一，就是可進行迴圈處理。

只要指定不同的參數，便能在反覆執行相同處理時，執行特定次數指令，或是等前一個指令執行完成後，再接著執行下一個指令等，讓處理作業更有效率。

以下就來試試 for 語法的迴圈處理。

```
$ vim for.sh
```

```
#!/bin/bash

for i in $(seq 1 10)
do
        echo $i
done
```

for 語法會重複執行相當於清單數的次數。你也可在 in 之後指定陣列，或是直接指定欲反覆執行的特定數量。

以上 Shell 指令碼是將陣列內容存入名為 $i 的變數中，然後反覆輸出顯示。

```
$ chmod 700 for.sh
$ ./for.sh
1
2
3
4
5
6
7
8
9
10
```

反覆執行了 10 次。

## 10.3 管理程序及工作

### 10.3.1 如何查看程序？

指令也是一種程式處理。Linux 伺服器會執行各式各樣的程式以啟動伺服器。

而正在 Linux 伺服器上執行的程式處理就稱為程序。

程序可用 ps 指令查看。請以 Session Manager 連線後，執行 ps 指令。

```
$ ps
  PID TTY          TIME CMD
18714 pts/0    00:00:00 sh
18780 pts/0    00:00:00 ps
```

如上，CMD 欄中顯示出了 sh 和 ps。sh 代表目前正在執行中的 Shell，ps 則代表剛剛已執行的指令。

若再啟動另一個 Session Manager 連線，然後在其中執行以下指令。

```
$ man ps | less
```

這樣就會以 less 指令閱讀 ps 的指令說明。此時請切換至另一個 Session Manager 連線，並執行以下指令。

```
$ ps x
  PID TTY       STAT   TIME COMMAND
18714 pts/0    Ss     0:00 sh
19015 pts/1    Ss     0:00 sh
19061 pts/0    S+     0:00 less
19177 pts/1    R+     0:00 ps x
```

藉由指定 x 選項，便能顯示出除目前所在 Session Manager 連線以外的其他程序。
所謂的 PID，就是程序 ID（Process ID）。而有些處理必須要指定程序 ID 才行，在這類情況下就可能會用到 ps 指令。

因此以下就為各位介紹幾個常用的選項。

```
$  ps xf
  PID TTY       STAT   TIME COMMAND
19015 pts/1    Ss     0:00 sh
19412 pts/1    R+     0:00  \_ ps xf
18714 pts/0    Ss     0:00 sh
19061 pts/0    S+     0:00  \_ less
```

f 選項是用來輸出父子關係。

180

```
$ ps ax
  PID TTY        STAT    TIME COMMAND
    1 ?          Ss     15:47 /usr/lib/systemd/systemd --switched-root
--system --deserialize 22
    2 ?          S       0:00 [kthreadd]
    4 ?          I<      0:00 [kworker/0:0H]
    6 ?          I<      0:00 [mm_percpu_wq]
    7 ?          S       0:12 [ksoftirqd/0]
    8 ?          I       3:35 [rcu_sched]
    9 ?          I       0:00 [rcu_bh]
   10 ?          S       0:00 [migration/0]
~ 後略 ~
```

使用 ax 選項可輸出所有使用者的程序。

```
$ ps ux
USER        PID %CPU %MEM    VSZ    RSS TTY      STAT START   TIME COMMAND
ssm-user 18714  0.0  0.3 124216   3388 pts/0    Ss   Mar11   0:00 sh
ssm-user 19015  0.0  0.3 124216   3384 pts/1    Ss   Mar11   0:00 sh
ssm-user 19061  0.0  0.0 117012    936 pts/0    S+   Mar11   0:00 less
ssm-user 19575  0.0  0.3 164376   3832 pts/1    R+   00:05   0:00 ps ux
```

使用 u 選項則可一併輸出 CPU、記憶體等詳細資訊。

### 10.3.2 如何管理工作？

1 行指令處理就稱為 1 個工作。例如在以下的處理中，雖然執行了 2 個程序，但算成 1 個工作。

```
$ sudo cat /var/log/messages | less
```

### 前景與背景

工作會在前景及背景中執行。

```
$ sleep 10
```

執行「sleep 10」會使系統等待 10 秒鐘。

Chapter 10 / 執行指令碼（Script）

一旦直接執行如上的指令，這 10 秒內就不能執行任何其他指令，必須等 10 秒後才能動作。
這就是在前景執行的狀態。

例如，在進行大型檔案的複製時，若是必須等到複製完畢才能做其他動作，那肯定很沒效率。Linux 能夠以多執行緒（multithread）的方式執行多個程序。畢竟能在複製大型檔案時執行其他處理，才會有效率。

而做法就是在這類情況下，將很花時間的處理放在背景執行。

```
$ sleep &
```

只要在指令後面加個「&」，便能於背景執行該指令。

```
$ sleep 10 &
[1] 20323
sh-4.2$ jobs
[1]+  Running                 sleep 10 &
sh-4.2$ ps
  PID TTY          TIME CMD
19015 pts/1    00:00:00 sh
20323 pts/1    00:00:00 sleep
20327 pts/1    00:00:00 ps
```

執行後，系統便立刻輸出程序 ID 20323，並顯示可輸入的提示。而接著使用的 jobs 指令可查看正在執行中的工作。

不過採取這種做法時，即使是在背景執行，只要執行該工作的終端機或 Session Manager 終止，該工作仍會隨之終止。

若希望處理程序在終端機或 Session Manager 終止後仍能繼續執行，請使用「nohup」。現在就讓我們用 2 個 Session Manager 連線來實驗看看。請先在一個 Session Manager 中執行如下的 2 個工作。

```
$ sleep 120 &
[2] 20671
sh-4.2$ nohup sleep 120 &
[3] 20681
```

接著終止上面的 Session Manager 連線後，再開啟另一個 Session Manager 連線，並執行「ps x」指令。

```
$ ps x
  PID TTY      STAT   TIME COMMAND
18714 pts/0    Ss     0:00 sh
20681 ?        S      0:00 sleep 120
20714 pts/0    R+     0:00 ps x
```

由上可知，只有加上 nohup 執行的工作（程序 ID 20681）還在繼續執行。

若要半路終止某個處理程序時，可用 kill 指令。

```
kill 20681
```

執行 kill 指令時，要指定欲終止之工作的程序 ID 做為參數。

### 10.3.3 用 Python 建立簡易 Web 伺服器

接下來要介紹的內容雖與 Linux 無直接相關，但還是讓我們利用 Python 的範例程式碼來建立簡易 Web 伺服器試試。

Amazon Linux 預設就已安裝有 Python2 系列。

```
$ mkdir cgi-bin
$ vim cgi-bin/uname.py
```

**uname.py 的內容**

```
#!/usr/bin/env python

import os
print "200 OK"
print "Content-Type: text/plain"
print ""
print os.uname()
```

```
$ chmod u+x cgi-bin/uname.py
$ nohup python -m CGIHTTPServer &
```

如此便能啟動 Python 簡易 Web 伺服器。接著測試一下 curl 指令。

```
$ curl http://localhost:8000/cgi-bin/uname.py
('Linux', 'ip-172-31-45-84.ap-northeast-1.compute.internal', '4.14.152-
127.182.amzn2.x86_64', '#1 SMP Thu Nov 14 17:32:43 UTC 2019', 'x86_64')
```

成功輸出了系統資訊。

Python Web 伺服器使用連接埠 8000，因此我們必須先讓設定在 EC2 執行個體上的安全群組許可連接埠 8000，然後再嘗試由瀏覽器存取。

**http://EC2 公有 IPv4 地址 :8000/cgi-bin/uname.py**

Chapter 10 / 執行指令碼（Script）

以瀏覽器存取時，同樣會顯示出 Linux 的系統資訊。

確認 Web 伺服器建立成功後，請用 kill 指令終止該 python 程序。

### 10.3.4 何謂程序的優先順序？

程序有不同的執行優先等級，優先等級高的程序會分到較多的 CPU 時間。
而針對必須進行較多處理的程序，我們可以為它指定較高的優先等級。

```
$ ps l
F   UID    PID  PPID PRI  NI    VSZ    RSS WCHAN  STAT TTY        TIME COMMAND
4   1001   8235 8224  20   0 124216   3440 -      Ss   pts/0      0:00 sh
0   1001   8646 8235  20   0 160172   2204 -      R+   pts/0      0:00 ps l
```

執行 ps l 指令，便會輸出包含 PRI 欄的資訊。這個 PRI 就代表了優先等級（Priority）。其數字越小，等級越高。
我們可用 nice 指令來調整 NI 值，範圍在 -20 到 19 之間。

```
$ sudo nice -n -20 ps l

F   UID    PID  PPID PRI  NI    VSZ    RSS WCHAN  STAT TTY        TIME COMMAND
4     0   8809 8808   0 -20 160172   2252 -      R<+  pts/0      0:00 ps l
```

如上，NI 值變成我們所指定的 -20，PRI 則變成 0。
此外也可用 renice 指令以程序 ID 來指定執行中的程序，或是以指定使用者名稱的方式來變更 NI 值。
例如要提高 Apache Web 服務的優先等級時便可如下執行。

```
$ sudo ps axl | grep httpd
4     0   6570    1  20   0 255352   9348 core_s Ss   ?          0:04 /usr/sbin/httpd -DFOREGROUND

$ sudo renice -20 -p 6570
6570 (process ID) old priority 0, new priority -20

sh-4.2$ sudo ps axl | grep httpd
4     0   6570    1   0 -20 255352   9348 core_s S<s  ?          0:04 /usr/sbin/httpd -DFOREGROUND
```

**提高 ssm-user 的優先等級**

```
$ sudo renice -10 -u ssm-user
1001 (user ID) old priority 0, new priority -10
```

**10.4 中繼資料（metadata）、使用者資料（userdata）、cloud-init**

### 10.4.1 中繼資料（metadata）

利用 Shell 指令碼進行自動處理時，有時會需要公有 IP 地址，或是啟動於哪個地區等 EC2 執行個體啟動後的資訊。這些資訊都不是由 Linux 所設定。所謂的中繼資料正是為了取得這些資訊而存在。

我們可從 EC2 執行個體，透過存取 http://169.254.169.254/latest/meta-data 來取得這些資訊。在 Linux 伺服器上通常是用 curl 指令取得。讓我們立刻執行看看。

```
$ curl http://169.254.169.254/latest/meta-data
ami-id
ami-launch-index
ami-manifest-path
block-device-mapping/
events/
hostname
iam/
identity-credentials/
instance-action
instance-id
instance-type
local-hostname
local-ipv4
mac
metrics/
network/
placement/
profile
public-hostname
public-ipv4
reservation-id
security-groups
```

例如，公有 IP 地址可如下透過 public-ipv4 取得。

```
$ curl http://169.254.169.254/latest/meta-data/public-ipv4
```

至於啟動於哪個地區，則可透過 placement/availability-zone 取得啟動於哪個可用區域的資訊，由該資訊來做判斷。
例如若為亞太地區（東京），所取得之資訊便如下，只要去掉最後一個字元，即可獲得代表地區的字串。

```
$ curl http://169.254.169.254/latest/meta-data/placement/availability-zone
ap-northeast-1a
```

Chapter 10 ／ 執行指令碼（Script）

使用者資料（userdata）

EC2 執行個體可於啟動時自動執行指令。
藉此便能夠自動部署、更新模組，進行各種啟動時的必要處理。

| ▼ Advanced Details | | |
|---|---|---|
| Enclave ⓘ | ☐ Enable | |
| Metadata accessible ⓘ | Enabled ▾ | |
| Metadata version ⓘ | V1 and V2 (token optional) ▾ | |
| Metadata token response hop limit ⓘ | 1 ▾ | |
| User data ⓘ | ◉ As text ○ As file ☐ Input is already base64 encoded | |
| | #!/bin/bash<br>yum -y update<br>git pull | |

使用者資料可在建立 EC2 時，於 Advanced Details（進階詳細資訊）的 User data（使用者資料）中指定。
另外還有所謂的 Auto Scaling 功能，同樣也可在啟動 EC2 執行個體時就事先設定好。

在此要為各位示範的是，利用使用者資料，於啟動 EC2 執行個體時增加虛擬記憶體。
筆者的個人部落格用的是叫 t3.nano 的小型 EC2 執行個體。
記憶體為 0.5GB。在進行某些處理時，就曾因記憶體不足而發生錯誤。
故筆者決定於啟動時增加虛擬記憶體。

```
#!/bin/bash
fallocate -l 512M /swapfile
chmod 600 /swapfile
mkswap /swapfile
swapon /swapfile
```

使用者資料的日誌記錄會輸出至 /var/log/cloud-init-output.log。

```
Setting up swapspace version 1, size = 512 MiB (536866816 bytes)
no label, UUID=83c501d4-aeaa-4f15-b779-c809d4fbf506
```

如上，於其中可看到虛擬記憶體已成功增加的日誌記錄。就像這樣，以 AMI 為基礎，若有某些處理必須在 EC2 執行個體每次啟動時進行，那麼就可將這些處理事先設定在使用者資料裡。

一定要執行的指令，就利用使用者資料來執行！

### 10.4.3 cloud-init

使用者資料的日誌記錄會輸出至 /var/log/cloud-init-output.log。

這與其說是使用者資料的日誌記錄輸出，其實應該說是 cloud-init 的執行結果日誌記錄。而使用者資料也是 cloud-init 執行內容的一部份。

所謂的 cloud-init，就是在執行個體啟動時執行指定的動作。

所執行的是在 /etc/cloud/cloud.cfg.d 和 /etc/cloud/cloud.cfg 設定檔裡的 cloud-init 動作。

執行個體啟動時，系統會執行下列這些任務。

- 設定預設的地區
- 設定主機名稱
- 分析並處理使用者資料
- 產生主機私有 SSH 金鑰
- 將使用者的公有 SSH 金鑰加入至 .ssh/authorized_keys
- 準備儲存庫以便管理套件
- 處理使用者資料中定義的套件動作
- 執行使用者資料中的使用者指令碼
- 掛載執行個體存放磁碟區

而設定檔的內容如下。

**cloud.cfg**

```
$ sudo cat /etc/cloud/cloud.cfg

# WARNING: Modifications to this file may be overridden by files in
# /etc/cloud/cloud.cfg.d

users:
 - default

disable_root: true
ssh_pwauth:    false

mount_default_fields: [~, ~, 'auto', 'defaults,nofail', '0', '2']
resize_rootfs: noblock
resize_rootfs_tmp: /dev
ssh_deletekeys:    false
ssh_genkeytypes:    ~
syslog_fix_perms: ~
```

```yaml
datasource_list: [ Ec2, None ]
repo_upgrade: security
repo_upgrade_exclude:
 - kernel
 - nvidia*
 - cuda*

# Might interfere with ec2-net-utils
network:
  config: disabled

cloud_init_modules:
 - migrator
 - bootcmd
 - write-files
 - write-metadata
 - growpart
 - resizefs
 - set-hostname
 - update-hostname
 - update-etc-hosts
 - rsyslog
 - users-groups
 - ssh
 - resolv-conf

cloud_config_modules:
 - disk_setup
 - mounts
 - locale
 - set-passwords
 - yum-configure
 - yum-add-repo
 - package-update-upgrade-install
 - timezone
 - disable-ec2-metadata
 - runcmd

cloud_final_modules:
 - scripts-per-once
 - scripts-per-boot
 - scripts-per-instance
 - scripts-user
 - ssh-authkey-fingerprints
 - keys-to-console
 - phone-home
```

```
 - final-message
 - power-state-change

system_info:
  # This will affect which distro class gets used
  distro: amazon
  distro_short: amzn
  default_user:
    name: ec2-user
    lock_passwd: true
    gecos: EC2 Default User
    groups: [wheel, adm, systemd-journal]
    sudo: ["ALL=(ALL) NOPASSWD:ALL"]
    shell: /bin/bash
  paths:
    cloud_dir: /var/lib/cloud
    templates_dir: /etc/cloud/templates
  ssh_svcname: sshd

mounts:
 - [ ephemeral0, /media/ephemeral0 ]
 - [ swap, none, swap, sw, "0", "0" ]
# vim:syntax=yaml
```

cloud.cfg 中有針對 Amazon Linux 2 的初始設定。

其中 disable_root 禁止了根使用者登入。

ssh_pwauth 禁止以密碼登入。

default_user 則指定了初始使用者 ec2-user 的名稱與設定。

而 cloud_init_modules、cloud_config_modules、cloud_final_modules 分別設定了要執行的模組。

**cloud.cfg.d**

```
$ sudo ls /etc/cloud/cloud.cfg.d
05_logging.cfg  10_aws_yumvars.cfg  README
```

你也可在 cloud.cfg.d 目錄下建立自己的 cloud-init 動作檔。

此目錄中的 05_logging.cfg 和 10_aws_yumvars.cfg 檔是系統預設會建立的檔案。

而 05_logging.cfg 和 10_aws_yumvars.cfg 的內容分別如下。

Chapter 10 / 執行指令碼（Script）

189

## 05_logging.cfg

```
$ sudo cat /etc/cloud/cloud.cfg.d/05_logging.cfg

## This yaml formated config file handles setting
## logger information.  The values that are necessary to be set
## are seen at the bottom.  The top '_log' are only used to remove
## redundency in a syslog and fallback-to-file case.
##
## The 'log_cfgs' entry defines a list of logger configs
## Each entry in the list is tried, and the first one that
## works is used.  If a log_cfg list entry is an array, it will
## be joined with '\n'.
_log:
 - &log_base |
   [loggers]
   keys=root,cloudinit

   [handlers]
   keys=consoleHandler,cloudLogHandler

   [formatters]
   keys=simpleFormatter,arg0Formatter

   [logger_root]
   level=DEBUG
   handlers=consoleHandler,cloudLogHandler

   [logger_cloudinit]
   level=DEBUG
   qualname=cloudinit
   handlers=
   propagate=1

   [handler_consoleHandler]
   class=StreamHandler
   level=WARNING
   formatter=arg0Formatter
   args=(sys.stderr,)

   [formatter_arg0Formatter]
   format=%(asctime)s cloud-init[%(process)d]: %(filename)s[%(levelname)s]: %(message)s
   datefmt=%b %d %H:%M:%S

   [formatter_simpleFormatter]
   format=[CLOUDINIT] %(filename)s[%(levelname)s]: %(message)s
 - &log_file |
   [handler_cloudLogHandler]
```

190

```
    class=FileHandler
    level=DEBUG
    formatter=arg0Formatter
    args=('/var/log/cloud-init.log',)
  - &log_syslog |
    [handler_cloudLogHandler]
    class=handlers.SysLogHandler
    level=DEBUG
    formatter=simpleFormatter
    args=("/dev/log", handlers.SysLogHandler.LOG_USER)

log_cfgs:
# Array entries in this list will be joined into a string
# that defines the configuration.
#
# If you want logs to go to syslog, uncomment the following line.
# - [ *log_base, *log_syslog ]
#
# The default behavior is to just log to a file.
# This mechanism that does not depend on a system service to operate.
  - [ *log_base, *log_file ]
# A file path can also be used.
# - /etc/log.conf

# This tells cloud-init to redirect its stdout and stderr to
# 'tee -a /var/log/cloud-init-output.log' so the user can see output
# there without needing to look on the console.
output: {all: '| tee -a /var/log/cloud-init-output.log'}
```

## 10_aws_yumvars.cfg

```
$ sudo cat /etc/cloud/cloud.cfg.d/10_aws_yumvars.cfg
# ### DO NOT MODIFY THIS FILE! ###
# This file will be replaced if cloud-init is upgraded.
# Please put your modifications in other files under /etc/cloud/cloud.cfg.d/
#
# Note that cloud-init uses flexible merge strategies for config options
# http://cloudinit.readthedocs.org/en/latest/topics/merging.html

write_metadata:
  # Fill in yum vars for the region and domain
  - path: /etc/yum/vars/awsregion
    data:
      - identity: region
      - "default"
  - path: /etc/yum/vars/awsdomain
    data:
```

```
        - metadata: services/domain
        - "amazonaws.com"

# vim:syntax=yaml expandtab
```

 ## 10.5 控制服務及工作

### 10.5.1 使用 systemd 來控制

Amazon Linux 2 支援 systemd，設計成與 SysVinit 向下相容，而 UNIX 系列的 OS 一直以來普遍都使用 SysVinit。

systemd 會負責於啟動時開始系統服務、處理 Daemon（常駐程序）的執行，以及各服務之間的依存性控制等。

## Unit

systemd 中有所謂「Unit」（單元）的概念。有用來啟動服務的 Unit，也有用來掛載檔案系統的 Unit。

而 Unit 的檔案名稱格式如下。

**Unit 名稱 .Unit 類型**

主要的 Unit 類型包括以下這些。

.service：系統服務

.device：核心認識的裝置

.mount：檔案系統的掛載點

.target：將多個 Unit 群組起來

.swap：交換裝置或交換檔案

.timer：依據指定的日期時間、間隔來執行處理

● Unit 檔的位置

```
$ sudo ls /usr/lib/systemd/system/
acpid.service                         proc-fs-nfsd.mount
amazon-efs-mount-watchdog.service     proc-sys-fs-binfmt_misc.automount
amazon-ssm-agent.service              proc-sys-fs-binfmt_misc.mount

~後略~
```

在 /usr/lib/systemd/system/ 目錄中，有已安裝完成之 RPM 套件所發佈的 systemd unit 檔。

```
$ sudo ls /run/systemd/system/
session-c29.scope  session-c29.scope.d  user-0.slice  user-0.slice.d
```

在 /run/systemd/system/ 目錄中，有建立於執行階段的 systemd unit 檔。

```
$ sudo ls /etc/systemd/system/
amazon-cloudwatch-agent.service  default.target        local-fs.target.wants    sockets.target.wants
basic.target.wants                       default.target.wants   multi-user.target.wants  sysinit.target.wants
cloud-init.target.wants               getty.target.wants     remote-fs.target.wants   system-update.target.wants
```

而在 /etc/systemd/system/ 目錄中，則有以 systemctl enable 建立的 systemd unit 檔，以及為擴展服務而增加的 unit 檔。

## 要操作服務就用 systemctl

欲操作服務時，請使用 systemctl 指令。

```
systemctl  子指令  Unit 名稱  參數
```

以下便以 Apache Web 伺服器為例，示範一些常用的子指令。例子中的 .service 皆可省略。

### 啟動服務

```
$ sudo systemctl start httpd.service
```

### 停止服務

```
$ sudo systemctl stop httpd.service
```

### 重新啟動服務

服務處於停止狀態時，會啟動服務。

```
$ sudo systemctl restart httpd.service
```

**只在服務處於啟動狀態時重新起動**

```
$ sudo systemctl try-restart httpd.service
```

**使服務重新讀取設定**

```
$ sudo systemctl reload httpd.service
```

**查看服務是否正在執行中**

```
$ sudo systemctl status httpd.service
```

服務處於停止狀態時的輸出結果

```
● httpd.service - The Apache HTTP Server
   Loaded: loaded (/usr/lib/systemd/system/httpd.service; disabled; vendor preset: disabled)
   Active: inactive (dead)
     Docs: man:httpd.service(8)
```

服務處於執行（啟動）狀態時的輸出結果

```
● httpd.service - The Apache HTTP Server
   Loaded: loaded (/usr/lib/systemd/system/httpd.service; disabled; vendor preset: disabled)
   Active: active (running) since Fri 2020-03-27 20:16:17 JST; 5s ago
     Docs: man:httpd.service(8)
 Main PID: 6210 (httpd)
   Status: "Processing requests..."
   CGroup: /system.slice/httpd.service
           ├─ 6210 /usr/sbin/httpd -DFOREGROUND
           ├─ 6212 /usr/sbin/httpd -DFOREGROUND
           ├─ 6213 /usr/sbin/httpd -DFOREGROUND
           ├─ 6214 /usr/sbin/httpd -DFOREGROUND
           ├─ 6215 /usr/sbin/httpd -DFOREGROUND
           └─ 6216 /usr/sbin/httpd -DFOREGROUND
```

**輸出所有服務的狀態**

```
$ sudo systemctl list-units --type service --all

  UNIT                             LOAD     ACTIVE   SUB      DESCRIPTION
  amazon-cloudwatch-agent.service  loaded   active   running  Amazon CloudWatch Agent
  amazon-ssm-agent.service         loaded   active   running  amazon-ssm-agent

~後略~
```

**啟用服務**

```
$ sudo systemctl enable httpd.service
Created symlink from /etc/systemd/system/multi-user.target.wants/httpd.service to /usr/lib/systemd/system/httpd.service.
```

在 /etc/systemd/system/multi-user.target.wants/ 目錄中建立了符號連結。

**停用服務**

```
$ sudo systemctl disable httpd.service
Removed symlink /etc/systemd/system/multi-user.target.wants/httpd.service.
```

刪除了 /etc/systemd/system/multi-user.target.wants/ 目錄中的符號連結。

**各服務的啟用 / 停用狀態列表**

```
$ sudo systemctl list-unit-files --type service
UNIT FILE                              STATE
amazon-cloudwatch-agent.service        enabled
amazon-efs-mount-watchdog.service      disabled

～後略～
```

**服務列表**

```
$ sudo systemctl list-units --type service
UNIT                             LOAD   ACTIVE SUB     DESCRIPTION
amazon-cloudwatch-agent.service  loaded active running Amazon CloudWatch Agent
amazon-ssm-agent.service         loaded active running amazon-ssm-agent

～後略～
```

利用 systemctl 指令來徹底管理各種服務！

# Daemon

如下的 Daemon（常駐程序）也運作於 Amazon Linux 2 上。

- systemd-journald：日誌記錄管理程序
- systemd-logind：登入處理程序
- systemd-timedated：系統時鐘管理
- systemd-udevd：裝置動態偵測

利用任務排程來自動執行

定期的重複處理就用 cron 來排程執行！

## cron

對於需要一再重複執行的指令，你不必每次都特地登入系統去執行。因為有一種可定期自動執行的服務存在，叫做 crond。crond 程序會查看 crontab 檔，若有應執行的設定，便會主動執行。其最小單位是 1 分鐘。

使用者的 crontab 檔可用「crontab -e」指令建立並編輯。

```
$ crontab -e
```

例如以下所建立的 Shell 指令碼，可將本機資料夾的內容同步至 S3 儲存貯體。

```
#!/bin/bash
WORKDIR=$HOME/work
aws s3 sync $WORKDIR s3://sync-test2020 >> $WORKDIR/s3sync.log
```

而以下則是每隔 1 分鐘執行一次此同步處理的 crontab。

```
* * * * * $HOME/work/s3sync.sh
```

我們可用 crontab 檔的欄位來設定重複執行的時間點。

- 第 1 個欄位：分，0~59 的整數，或者 *
- 第 2 個欄位：時，0~23 的整數，或者 *
- 第 3 個欄位：日，1~31 的整數，或者 *
- 第 4 個欄位：月，1~12 的整數，或者 *
- 第 5 個欄位：星期，0~7 的整數，或者 *
- 第 6 個欄位：要執行的指令

在第 5 個欄位以整數指定星期幾時，0 和 7 都代表星期日，而 1 ～ 6 分別代表星期一～星期六。此外也可用 Sun、Mon 等字串來指定。

於每個星期日的 23 點執行

```
0 23 * * Sun $HOME/work/s3sync.sh
```

欲執行多次時，可用「,」隔開不同的執行時間。

於每個星期日的 12 點和 23 點執行

```
0 12,23 * * Sun $HOME/work/s3sync.sh
```

若要指定間隔時間，則輸入「*/4」的格式（下例代表每個星期日每隔 4 小時就執行一次）。

```
0 */4 * * Sun $HOME/work/s3sync.sh
```

使用 -l 選項可查看此設定。

```
$ crontab -l

* * * * * $HOME/work/s3sync.sh
```

必須注意的是，執行時若加上 -r 選項，已設定的所有 cron 任務（工作）都會被刪除。

而不同於使用者的 crontab，系統另有自己獨立的 crontab 存在。其檔案為 /etc/crontab。

```
$ cat /etc/crontab

SHELL=/bin/bash
PATH=/sbin:/bin:/usr/sbin:/usr/bin
MAILTO=root

# For details see man 4 crontabs

# Example of job definition:
# .---------------- minute (0 - 59)
# |  .------------- hour (0 - 23)
# |  |  .---------- day of month (1 - 31)
# |  |  |  .------- month (1 - 12) OR jan,feb,mar,apr ...
# |  |  |  |  .---- day of week (0 - 6) (Sunday=0 or 7) OR sun,mon,tue,wed,thu,fri,sat
# |  |  |  |  |
# *  *  *  *  * user-name  command to be executed
```

其他與 crond 程序相關的檔案還有如下這些。

```
$ ls -l /etc | grep cron

-rw-------  1 root root      541 Jan 16 09:55 anacrontab
```

```
drwxr-xr-x  2 root root      96 Mar 29 14:23 cron.d
drwxr-xr-x  2 root root      57 Nov 19 07:59 cron.daily
-rw-------  1 root root       0 Jan 16 09:55 cron.deny
drwxr-xr-x  2 root root      22 Mar 29 14:23 cron.hourly
drwxr-xr-x  2 root root       6 Oct 19  2017 cron.monthly
-rw-r--r--  1 root root     451 Oct 19  2017 crontab
drwxr-xr-x  2 root root       6 Oct 19  2017 cron.weekly
```

conr.d、cron.daily、cron.hourly、cron.monthly、cron.weekly 中分別設有依固定間隔執行的指令，以及另外追加執行的指令。

cron.deny 檔中則記載了禁止使用 cron 的使用者。
而在預設狀態下，Amazon Linux 2 並不禁止任何使用者使用 cron。

## 僅執行一次的預約排程請用 at

at 是只執行一次的排程。例如若想在明天早上 10 點額外執行一次前述與 S3 儲存貯體同步的 Shell 指令碼，則請執行如下指令。

```
$ at -f $HOME/work/s3sync.sh 10:00

job 1 at Sun Mar 29 10:00:00 2020
```

### 10.5.3 透過 AWS Systems Manager 執行指令

當你管理的執行個體還很少時，使用 cron 及 at 來做任務排程或許行得通。
然而一旦所管理的執行個體越來越多，每當要新增任務排程或是更改已設定的排程，都必須逐一存取各個執行個體，於是就會很花時間。

不過只要使用 AWS Systems Manager 的 Run Command，你就能統一針對多個執行個體定期執行指令。

想要有效率地管理 EC2 執行個體，就用 Systems Manager！

198

## 建立維護時段

執行指令的時間點,是用維護時段來設定。

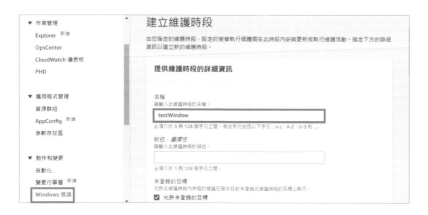

在管理控制台中,進入 AWS Systems Manager 頁面後,點選左側選單中的「Windows 維護」項目,再按一下右側內容中的〔建立維護時段〕鈕。

接著輸入維護時段的「名稱」。

設定成每天 22:15 執行。往下捲動後,按一下〔建立維護時段〕鈕。

## 登錄目標

點選剛剛建立的維護時段,再點選「操作」-「登錄目標」。

Chapter 10 / 執行指令碼(Script)

往下捲動至「目標」部分，點選「Choose instances manually」（手動選取執行個體）以直接指定執行個體。而你也可指定所有具有特定共通標籤的執行個體。

最後按一下〔註冊目標〕鈕。

## 登錄執行指令作業

在「指令文件」部分點選維護時段，再點選「操作」-「登錄執行指令作業」。

搜尋「AWS-RunShellScript」，然後點選該項目。

**目標**

目標是要與本文件建立關聯的執行個體，您可以選擇透過託管執行個體和標籤來選取目標。

目標選取方式
- ● 選取登錄的目標群組
- ○ 選取未登錄的目標

| 9a7e79f1-1678-4850-9faf-db3e269ab13c ✕ |

〈 1 〉

| ☑ | 時段目標 ID | 名稱 | 擁有者資訊 |
|----|-----------|------|-----------|
| ☑ | 9a7e79f1-1678-4850-9faf-db3e269ab13c | - | - |

捲動至「目標」部分，點選「選取登錄的目標群組」後，勾選剛剛登錄的執行個體目標。

**速率控制**

並行數量
指定同時執行任務的目標數量或百分比
- ● [ 1 ] targets
- ○ [ ] 百分比

錯誤閾值
任務失敗在指定的目標數量或百分比後，停止任務
- ● [ 1 ] 錯誤
- ○ [ ] 百分比

捲動至「速率控制」部分以輸入速率。

本例的目標只有 1 個執行個體，故在兩個欄位中都輸入「1」。

**輸出選項**

寫入 S3
將所有指令輸出內容寫入 Amazon S3 儲存貯體，主控台中的指令輸出會截斷超過 2500 個字元以後的內容。
- ☑ 啟用寫入 S3

S3 儲存貯體名稱
指定您儲存貯體的名稱。

| hash-test1 |

在「輸出選項」部分，指定做為輸出目的地的 S3 儲存貯體名稱。

最後於「參數」部分輸入指令,按一下〔登錄執行指令作業〕鈕。

本例設定了如下的指令。

```
aws s3 sync /home/ssm-user/work s3://sync-test2020
```

## 查看執行結果

你可在維護時段的「歷程記錄」中看到執行結果。從「狀態」欄可看出該任務已「成功」完成。

而查看輸出至 S3 的日誌記錄則看到,有 1 個檔案被同步上傳了。

```
Completed 19.8 KiB/19.8 KiB (376.9 KiB/s) with 1 file(s) remaining
upload: ../../home/ssm-user/work/s3sync.log to s3://sync-test2020/s3sync.log
```

# 監控 Linux 伺服器

# Chapter.11 監控 Linux 伺服器

Instance

藉由監控來瞭解 Linux 伺服器的狀態是很重要的。透過監控,我們就能知道現在伺服器是不是還能夠正常地進行各種處理、是否仍保有對使用者而言最佳的效能、是否有過剩而浪費的現象、有無安全威脅等。

在本章中,我們便要來看看 EC2 執行個體的監控相關功能。

##  查看 CPU、記憶體及程序的狀況

### 11.1.1 用 top 指令查看執行中的程序

使用 top 指令便能即時監控執行中的程序。現在就讓我們立刻執行看看。

```
$ top
```

```
top - 16:26:36 up 14:12,  0 users,  load average: 0.00, 0.00, 0.00
Tasks:  82 total,   1 running,  45 sleeping,   0 stopped,   0 zombie
%Cpu(s):  0.0 us,  0.0 sy,  0.0 ni,100.0 id,  0.0 wa,  0.0 hi,  0.0 si,  0.0 st
KiB Mem :  1007276 total,   489236 free,    84388 used,   433652 buff/cache
KiB Swap:        0 total,        0 free,        0 used.   767840 avail Mem

  PID USER      PR  NI    VIRT    RES    SHR S  %CPU %MEM     TIME+ COMMAND
 8168 root      20   0  397648  16928  11160 S   0.3  1.7   0:00.67 ssm-session-wor
    1 root      20   0  125608   5464   4016 S   0.0  0.5   0:07.46 systemd
    2 root      20   0       0      0      0 S   0.0  0.0   0:00.00 kthreadd
    4 root       0 -20       0      0      0 I   0.0  0.0   0:00.00 kworker/0:0H
    6 root       0 -20       0      0      0 I   0.0  0.0   0:00.00 mm_percpu_wq
    7 root      20   0       0      0      0 S   0.0  0.0   0:00.18 ksoftirqd/0
    8 root      20   0       0      0      0 I   0.0  0.0   0:01.22 rcu_sched
    9 root      20   0       0      0      0 I   0.0  0.0   0:00.00 rcu_bh
   10 root      rt   0       0      0      0 S   0.0  0.0   0:00.00 migration/0
   11 root      rt   0       0      0      0 S   0.0  0.0   0:00.11 watchdog/0
   12 root      20   0       0      0      0 S   0.0  0.0   0:00.00 cpuhp/0
   14 root      20   0       0      0      0 S   0.0  0.0   0:00.00 kdevtmpfs
   15 root       0 -20       0      0      0 I   0.0  0.0   0:00.00 netns
```

執行中的程序會依 CPU 使用率由高而低列出,並且每隔 3 秒更新一次。若要停止監控,就按 q 鍵。

顯示的時間間隔可用 -d 選項指定。顯示的次數可用 -n 選項來限制。

此指令能讓我們查看 CPU 及記憶體的使用狀況。

當 CPU 或記憶體的效能緊繃時,便能由此查出是哪個程序造成的。

此程序清單的顯示項目如下表所列。

| 項目 | 內容 |
|---|---|
| PID | 程序 ID |
| USER | 使用者名稱 |
| PR | 程序的優先等級 |
| NI | 程序優先等級 NI 值 |
| VIRT | 虛擬記憶體的使用量（kb） |
| RES | 常駐記憶體的使用量（kb） |
| SHR | 共享記憶體的使用量（kb） |
| S | 程序的狀態 |
| %CPU | CPU 使用率 |
| %MEM | 記憶體使用率 |
| TIME+ | 程序的運作時間 |
| COMMAND | 程序所執行的指令 |

## 11.1.2 用 free 指令查看記憶體的使用狀況

使用 free 指令便能查看記憶體的狀況。而加上 -m 選項，是指定以 MB 為單位顯示。

```
$ free -m
```

```
sh-4.2$ free -m
              total        used        free      shared  buff/cache   available
Mem:            983          82         476           0         424         749
Swap:             0           0           0
```

其輸出項目如下。

| 項目 | 內容 |
|---|---|
| total | 實體記憶體的大小 |
| used | 已被使用的量 |
| free | 剩餘的記憶體量 |
| shared | 所分配的共享記憶體量 |
| buff/cache | 分配為緩衝及快取記憶體的量 |
| available | 可用的記憶體大小 |

**11.2** 瞭解 CloudWatch 指標與 Logs 的功能

### 11.2.1 使用 ps 指令來查看程序

我們可用 ps 指令來查看目前正在執行的程序。而加上 -aux 選項，便能將所有使用者的程序一併詳細列出。

```
$ ps -aux
```

只想查看程序 ID 等較少資訊時，則可用 -ax 選項執行。

```
$ ps -ax
```

```
PID TTY      STAT   TIME COMMAND
   1 ?        Ss     0:07 /usr/lib/systemd/systemd --switched-root --system
--deserialize 22
   2 ?        S      0:00 [kthreadd]
   4 ?        I<     0:00 [kworker/0:0H]
   6 ?        I<     0:00 [mm_percpu_wq]
   7 ?        S      0:00 [ksoftirqd/0]
   8 ?        I      0:01 [rcu_sched]
   9 ?        I      0:00 [rcu_bh]
  10 ?        S      0:00 [migration/0]

~ 省略 ~

3181 ?        S      0:00 qmgr -l -t unix -u
3227 ?        Ssl    0:16 /usr/bin/amazon-ssm-agent
3231 ?        Ssl    0:02 /usr/sbin/rsyslogd -n
3247 ?        Ss     0:00 /usr/sbin/crond -n
3250 ?        Ss     0:00 /usr/sbin/atd -f
3299 tty1     Ss+    0:00 /sbin/agetty --noclear tty1 linux
3300 ttyS0    Ss+    0:00 /sbin/agetty --keep-baud 115200,38400,9600 ttyS0 vt220
3400 ?        Ss     0:00 /usr/sbin/sshd -D
3439 ?        Ss     0:00 /usr/sbin/acpid
5922 ?        S      0:00 pickup -l -t unix -u
7456 ?        I      0:00 [kworker/u30:0]
8168 ?        Sl     0:02 /usr/bin/ssm-session-worker yamashita-
065b4f9d9797686fa i-0aae4ecd6e997c545
8179 pts/0    Ss     0:00 sh
9363 ?        I      0:00 [kworker/0:0]
```

如上所示，目前有許多程序正在運作。想要分頁檢視或搜尋這些輸出結果時，可將結果以管線（|）傳遞給 less 指令。

```
$ ps -aux | less
```

若想終止特定程序，則使用 kill 指令並指定其程序 ID。

```
$ kill <PID>
```

## 11.2.2 CloudWatch 標準指標

EC2 執行個體的資訊是在執行個體啟動後，由名為 CloudWatch 的服務立刻展開監控。那麼接著就讓我們來看看，該服務到底監控了哪些資訊。

在管理控制台的尋找服務欄位搜尋「cloudwatch」，找到並進入 CloudWatch 的儀表板。

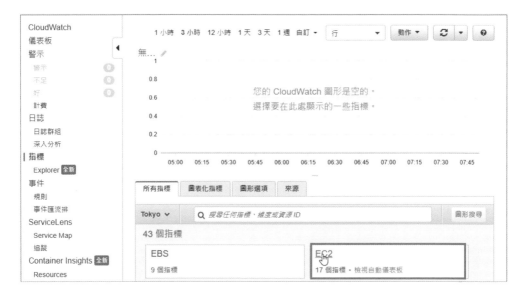

在 CloudWatch 中，是以名為「指標」的數值資訊來監控各資源的狀態。

點選左側選單中的「指標」項目後，按一下右方內容中的「EC2」連結。

當顯示出「每個執行個體指標」連結時，按一下該連結。

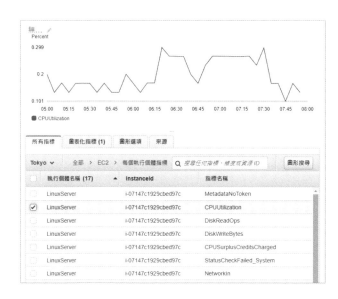

這時便會顯示出 EC2 執行個體的各種資訊。

上圖是勾選 EC2 執行個體的「CPUUtilization」（CPU 使用率）時所顯示的圖表。

EC2 執行個體的指標收集了如下表所列的這些資訊。

| 指標名稱 | 內容 |
|---|---|
| CPUUtilization | CPU 使用率 |
| NetworkPacketsIn | 執行個體接收的封包數 |
| NetworkPacketsOut | 執行個體送出的封包數 |
| NetworkIn | 執行個體接收的網路流量 |
| NetworkOut | 執行個體送出的網路流量 |
| StatusCheckFailed | 執行個體和系統的狀態檢查失敗次數 |
| StatusCheckFailed_Instance | 執行個體的狀態檢查失敗次數 |
| StatusCheckFailed_System | 系統的狀態檢查失敗次數 |
| CPUCreditUsage | 所花費的 CPU 點數數量 |
| CPUCreditBalance | 所累積獲得的 CPU 點數數量 |
| CPUSurplusCreditBalance | 超出 CPUCreditBalance 的 CPU 點數花費 |
| CPUSurplusCreditsCharged | 需另外收費的點數數量 |

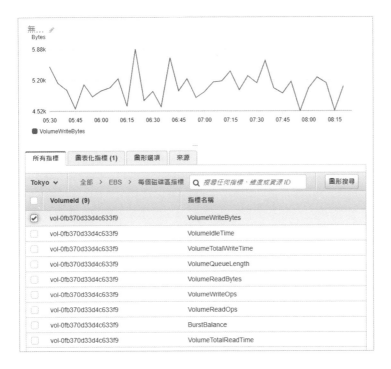

磁碟的使用狀況則需透過 EBS 服務的指標（點選左側選單中的「指標」項目後，按一下右方內容中的「EBS」連結）來查看。

Chapter 11 / 監控 Linux 伺服器

| 指標名稱 | 內容 |
|---|---|
| VolumeReadBytes | 讀取操作所傳送的位元組總數 |
| VolumeWriteBytes | 寫入操作所傳送的位元組總數 |
| VolumeReadOps | 讀取操作的總數 |
| VolumeWriteOps | 寫入操作的總數 |
| VolumeTotalReadTime | 讀取操作所耗用時間的總計 |
| VolumeTotalWriteTime | 寫入操作所耗用時間的總計 |
| VolumeIdleTime | 未進行讀取也未進行寫入操作的時間總計 |
| VolumeQueueLength | 待完成的請求總數 |

## 關於 CPU 點數

t2、t3 有固定的 CPU 基準使用率,以 t2.micro 來說是 10%。一旦超過基準,就需要 CPU 點數。當 CPU 的使用率低於基準時,便會累積 CPU 點數。而 CPU 點數會在 EC2 執行個體停止時被重設。

另外也有即使無 CPU 點數仍可超出基準使用率的 Unlimited 方案可選。

採取 Unlimited 方案時,若已無剩餘的 CPU 點數,則所花費的 CPU 點數就會被記為負值,並以之後低於基準期間所累積的 CPU 點數來抵用。

但若 EC2 執行個體在 CPU 點數仍為負值的狀態下就被停止、終止,那麼系統就會針對以 Unlimited 方案花費的 CPU 點數計算費用。

## 11.2.3 CloudWatch 自訂指標

標準指標並未收集記憶體的使用量及磁碟的剩餘可用空間。這是因為,EC2 執行個體的作業系統屬於使用者所管理的範圍。既然使用者能夠自由地全面控制作業系統,那麼其管理也就必須由使用者自行負責。

而 EC2 執行個體的 OS 的記憶體使用量及磁碟剩餘空間等資訊,也可藉由安裝 CloudWatch 代理程式來收集。像這樣由使用者自行收集而來的指標,就稱為自訂指標。

由於要收集 EC2 執行個體的自訂指標前,必須先在 EC2 執行個體上安裝接下來將介紹的 CloudWatch Logs 和通用的 CloudWatch 代理程式,因此其收集方法將於後續內容中一併解說。

請依需要收集自訂指標!

### 11.2. 4 CloudWatch Logs

前面我們以操作檔案的方式查看過一些日誌檔。當你管理的 EC2 執行個體還很少時，或許還有辦法逐一查看、確認每個執行個體的日誌記錄。

然而一旦所管理的 EC2 執行個體越來越多，開始使用 AutoScaling 功能來自動終止多餘的 EC2 執行個體時，你就會無法查看該 EC2 執行個體的日誌記錄，或是說就算你想查看也很難做到。

因此，便有了能將作業系統及應用程式的日誌記錄寫進 CloudWatch 的所謂 CloudWatch Logs 功能。

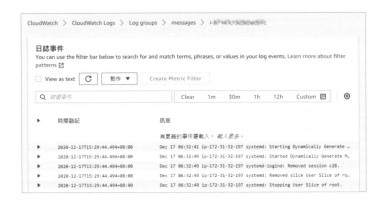

CloudWatch Logs 和自訂指標一樣，只要將 CloudWatch Agent（CloudWatch 代理程式）安裝至 EC2 執行個體後，便可開始收集。接著就來說明 CloudWatch Agent 的安裝方法。

## 設定針對 CloudWatch 的存取權限

若要讓在 EC2 執行個體上的 CloudWatch 代理程式有權限可寫入至 CloudWatch，就必須透過 IAM 角色來設定。請從管理控制台進入 IAM 的儀表板。

點選左側導覽選單中的「角色」項目，再從右方的 IAM 角色清單中點選「LinuxRole」。
接著按一下〔連接政策〕鈕。

於「篩選政策」欄位輸入「CloudWatchAgent」搜尋，勾選搜尋結果中的「CloudWatchAgentAdminPolicy」政策後，按一下〔連接政策〕鈕。

畫面中出現已連接的訊息。

## 安裝 CloudWatch Agent

CloudWatch Agent 要用 Systems Manager 的「執行命令」（Run Command）功能來安裝。請從管理控制台進入 Systems Manager。

點選左側導覽選單中的「執行命令」項目。
然後按一下右方內容中的〔Run Command〕鈕。

在「命令文件」部分點選「AWS-ConfigureAWSPackage」。

「文件版本」的設定留用預設值,並繼續往下捲動。

在「命令參數」部分,將「Action」(動作)選為「Install」(安裝)。再把「Installation Type」(安裝類型)選為「Uninstall and reinstall」(卸載並重新安裝)。而「Name」(名稱)欄位則輸入「AmazonCloudWatchAgent」。「Version」(版本)欄位輸入「latest」(最新)。

在「目標」部分點選「手動選擇執行個體」後,於下方的「Instances」(執行個體)部分勾選目前啟動中的 EC2 執行個體。

Chapter 11 ／ 監控 Linux 伺服器

在「輸出選項」部分取消「啟用寫入到 S3 儲存貯體」項目（在此我們只是要測試，故取消此項）。最後往下捲動至底部，按一下〔執行〕鈕。

稍等一會兒（請重新載入頁面），其狀態便會顯示為「成功」，表示安裝完成。

## 設定 CloudWatch Agent

請用 Session Manager 連線終端機以進行設定。首先如下執行 amazon-cloudwatch-agent-config-wizard。

```
$ sudo /opt/aws/amazon-cloudwatch-agent/bin/amazon-cloudwatch-agent-config-wizard
```

```
=================================================================
= Welcome to the AWS CloudWatch Agent Configuration Manager =
=================================================================
On which OS are you planning to use the agent?
1. linux
2. windows
default choice: [1]:
```

留用預設的 1，直接按 Enter 鍵繼續下一步。

```
Trying to fetch the default region based on ec2 metadata...
Are you using EC2 or On-Premises hosts?
1. EC2
2. On-Premises
default choice: [1]:
```

留用預設的 1，直接按 Enter 鍵繼續下一步。

```
Which user are you planning to run the agent?
1. root
2. cwagent
3. others
default choice: [1]:
```

留用預設的 1，直接按 Enter 鍵繼續下一步。

```
Do you want to turn on StatsD daemon?
1. yes
2. no
default choice: [1]:
```

留用預設的 1，直接按 Enter 鍵繼續下一步。

```
Which port do you want StatsD daemon to listen to?
default choice: [8125]
```

留用預設選擇，直接按 Enter 鍵繼續下一步。

```
What is the collect interval for StatsD daemon?
1. 10s
2. 30s
3. 60s
default choice: [1]:
```

留用預設的 1，直接按 Enter 鍵繼續下一步。

```
What is the aggregation interval for metrics collected by StatsD daemon?
1. Do not aggregate
2. 10s
3. 30s
4. 60s
default choice: [4]:
```

留用預設的 4，直接按 [Enter] 鍵繼續下一步。

```
Do you want to monitor metrics from CollectD?
1. yes
2. no
default choice: [1]:
```

留用預設的 1，直接按 [Enter] 鍵繼續下一步。

```
Do you want to monitor any host metrics? e.g. CPU, memory, etc.
1. yes
2. no
default choice: [1]:
```

留用預設的 1，直接按 [Enter] 鍵繼續下一步。

```
Do you want to monitor cpu metrics per core? Additional CloudWatch charges may apply.
1. yes
2. no
default choice: [1]:
```

留用預設的 1，直接按 [Enter] 鍵繼續下一步。

```
Do you want to add ec2 dimensions (ImageId, InstanceId, InstanceType,
AutoScalingGroupName) into all of your metrics if the info is available?
1. yes
2. no
default choice: [1]:
```

留用預設的 1，直接按 [Enter] 鍵繼續下一步。

```
Would you like to collect your metrics at high resolution (sub-minute
resolution)? This enables sub-minute resolution for all metrics, but you can
customize for specific metrics in the output json file.
1. 1s
2. 10s
3. 30s
4. 60s
default choice: [4]:
```

留用預設的 4，直接按 Enter 鍵繼續下一步。

```
Which default metrics config do you want?
1. Basic
2. Standard
3. Advanced
4. None
default choice: [1]:
```

留用預設的 1，直接按 Enter 鍵繼續下一步。

```
Are you satisfied with the above config? Note: it can be manually
customized after the wizard completes to add additional items.
1. yes
2. no
default choice: [1]:
```

留用預設的 1，直接按 Enter 鍵繼續下一步。

```
Do you have any existing CloudWatch Log Agent (http://docs.aws.amazon.com/AmazonCloudWatch/
latest/logs/AgentReference.html) configurationfile to import for migration?
1. yes
2. no
default choice: [2]:
```

留用預設的 2，直接按 Enter 鍵繼續下一步。

```
Do you want to monitor any log files?
1. yes
2. no
```

```
default choice: [1]:
```

留用預設的 1，直接按 Enter 鍵繼續下一步。

```
Log file path:
/var/log/messages
```

這時系統會要求你指定要監控的日誌檔，請輸入「/var/log/messages」後按 Enter 鍵繼續下
一步。

```
Log group name:
default choice: [messages]
```

系統又要求你指定 Log group name（日誌群組名稱），請留用預設的 messages，直接按
Enter 鍵繼續下一步。

```
Log stream name:
default choice: [{instance_id}]
```

系統接著要求你指定 Log stream name（日誌串流名稱），請留用預設的執行個體 ID，直接
按 Enter 鍵繼續下一步。

```
Do you want to specify any additional log files to monitor?
1. yes
2. no
default choice: [1]:
2
```

系統繼續問你是否還有別的日誌檔要監控，在此我們只監控 messages 就好，
故輸入 2 後，按 Enter 鍵繼續下一步。

```
Please check the above content of the config.
The config file is also located at /opt/aws/amazon-cloudwatch-agent/bin/config.json.
Edit it manually if needed.
Do you want to store the config in the SSM parameter store?
1. yes
2. no
default choice: [1]:
```

系統問你是否要將設定內容寫入至 Systems Manager 的參數存放區，請留用預設的 1，直
接按 Enter 鍵繼續下一步。

```
What parameter store name do you want to use to store your config? (Use
'AmazonCloudWatch-' prefix if you use our managed AWS policy)
default choice: [AmazonCloudWatch-linux]
```

系統接著要求你指定要寫入的參數存放區名稱，請留用預設的「AmazonCloudWatch-linux」，直接按 Enter 鍵繼續下一步。

```
Trying to fetch the default region based on ec2 metadata...
Which region do you want to store the config in the parameter store?
default choice: [ap-northeast-1]
```

接下來要指定地區。預設為「ap-northeast-1」（亞太地區（東京）），故直接按 Enter 鍵繼續下一步。

```
Which AWS credential should be used to send json config to parameter store?
1. xxxxxxxxxxxxxxxxxxxxx(From SDK)
2. Other
default choice: [1]:
```

系統問你要用哪個權限寫入參數存放區，請留用預設的 1，直接按 Enter 鍵繼續下一步。

```
Successfully put config to parameter store AmazonCloudWatch-linux.
Program exits now.
```

這樣就設定成功了。

## 所需套件的安裝方法

```
$ sudo amazon-linux-extras install -y epel
$ sudo yum -y install collectd
```

為了安裝 collectd，需先安裝 epel 套件。

## 啟動 CloudWatch Agent

CloudWatch Agent 要用 Systems Manager 的「執行命令」（Run Command）功能來啟動。
請從管理控制台進入 Systems Manager。

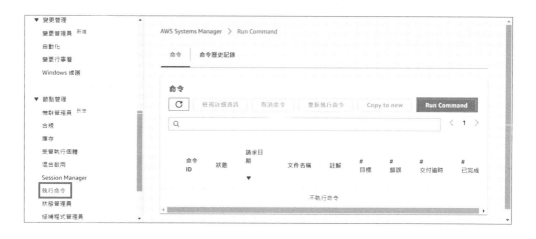

點選左側導覽選單中的「執行命令」項目。

然後按一下右方內容中的〔Run Command〕鈕。

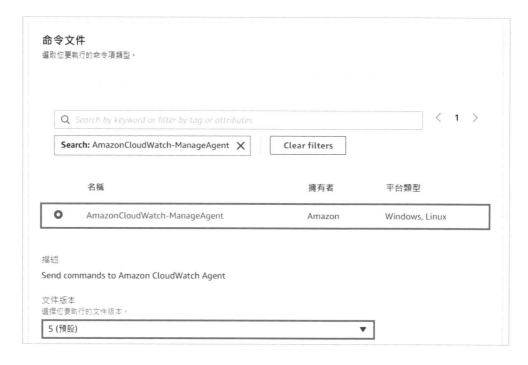

搜尋「AmazonCloudWatch-ManageAgent」，然後點選該項目。

「文件版本」的設定請留用預設值。

**命令參數**

Action
The action CloudWatch Agent should take.

```
configure                                        ▼
```

Mode
Controls platform-specific default behavior such as whether to include EC2 Metadata in metrics.

```
ec2                                              ▼
```

Optional Configuration Source
Only for 'configure' action. Store of the configuration. For CloudWatch Agent's defaults, use 'default'

```
ssm                                              ▼
```

Optional Configuration Location
Only for 'configure' actions. Required if loading CloudWatch Agent config from other locations except 'default'. The value is like ssm parameter store name for ssm config source

```
AmazonCloudWatch-linux
```

Optional Restart
Only for 'configure' actions. If 'yes', restarts the agent to use the new configuration. Otherwise the new config will only apply on the next agent restart.

```
yes                                              ▼
```

「命令參數」部分請如下設定。

- Action: Configure

- Mode: ec2

- Option Configuration Source: ssm

- Option Configuration Location: AmazonCloudWatch-linux

- Optional Restart: yes

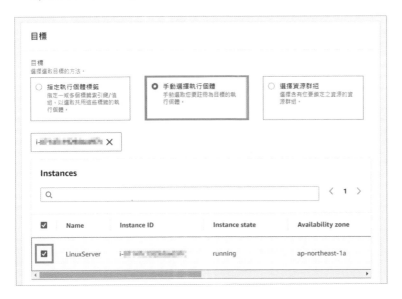

在「目標」部分點選「手動選擇執行個體」後,於下方的「Instances」(執行個體)部分勾選目前啟動中的 EC2 執行個體。

221

在「輸出選項」部分取消「啟用寫入到 S3 儲存貯體」項目（在此我們只是要測試，故取消此項）。最後往下捲動至底部，按一下〔執行〕鈕。

顯示出「成功」字樣（請重新載入頁面）就表示啟動完成。

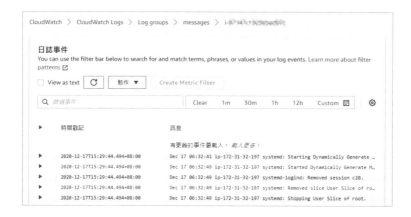

稍等一會兒，CloudWatch 便會反映出日誌記錄資料的變化（至 CloudWatch 的「日誌群組」頁面，再點選日誌群組名稱、日誌串流名稱）。

由於我們只是要確認監控有在運作，故接著請在「日誌群組」頁面中，按一下 messages 日
誌群組在「保留」欄位中的連結文字，將其「保留設定」改成「1 天」。

不論指標還是日誌記錄，都用 CloudWatch 來統一監控！

## 11.3 在 CloudWatch 中設定警示與儀表板

### 11.3.1 設定 CloudWatch 的警示

我們可設定 CloudWatch 的警示功能，依據指定的指標條件來發送電子郵件通知，或是與自
動化處理連動等。這部分請依需要加以設定。

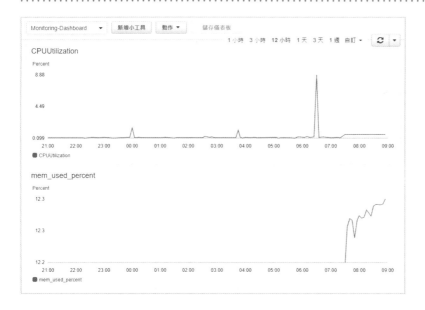

只要事先定義好一組儀表板，就不必在每次查看時都從指標選單選取。

##  11.4 運用 CloudWatch Logs 與警示進行監控

為了示範如何運用 CloudWatch Logs 與警示功能來進行監控，以下便實際建立一個監控 secure 日誌記錄的例子來説明。

想要針對輸出至 CloudWatch 的日誌記錄，監控其發生次數時，就適用本例的設定方式。

首先將 /var/log/secure 檔新增為 CloudWatch Logs 的輸出項目之一。

在 Systems Manager 的左側選單中點選「參數存放區」項目。
然後按一下「AmazonCloudWatch-linux」的名稱連結。

按一下〔編輯〕鈕。

```
"logs": {
    "logs_collected": {
        "files": {
            "collect_list": [
                {
                    "file_path": "/var/log/messages",
                    "log_group_name": "messages",
                    "log_stream_name": "{instance_id}"
                },
                {
                    "file_path": "/var/log/secure",
                    "log_group_name": "secure",
                    "log_stream_name": "{instance_id}"
                }
            ]
```

長度上限為 4096 個字元。

取消　　儲存變更

在「值」欄位中新增以下程式碼。第 1 行的逗號也要記得加入，切勿遺漏。

```
,
{
    "file_path": "/var/log/secure",
    "log_group_name": "secure",
    "log_stream_name": "{instance_id}"
}
```

以上程式碼將目標對象指定為「/var/log/secure」，日誌群組名稱指定為「secure」，日誌串流名稱則指定為 EC2 執行個體的執行個體 ID。接著請按一下〔儲存變更〕鈕。

Chapter 11 / 監控 Linux 伺服器

225

點選左側導覽選單中的「執行命令」項目。

然後按一下右方內容中的〔Run Command〕鈕。

搜尋「AmazonCloudWatch-ManageAgent」，並點選該項目。

「文件版本」的設定請留用預設值。

**命令參數**

Action
The action CloudWatch Agent should take.

| configure ▼ |
|---|

Mode
Controls platform-specific default behavior such as whether to include EC2 Metadata in metrics.

| ec2 ▼ |
|---|

Optional Configuration Source
Only for 'configure' action. Store of the configuration. For CloudWatch Agent's defaults, use 'default'

| ssm ▼ |
|---|

Optional Configuration Location
Only for 'configure' actions. Required if loading CloudWatch Agent config from other locations except 'default'. The value is like ssm parameter store name for ssm config source.

| AmazonCloudWatch-linux |
|---|

Optional Restart
Only for 'configure' actions. If 'yes', restarts the agent to use the new configuration. Otherwise the new config will only apply on the next agent restart.

| yes ▼ |
|---|

「命令參數」部分請如下設定。

- Action: Configure
- Mode: ec2
- Option Configuration Source: ssm
- Option Configuration Location: AmazonCloudWatch-linux
- Optional Restart: yes

在「目標」部分點選「手動選擇執行個體」後,於下方的「Instances」(執行個體)部分勾選目前啟動中的 EC2 執行個體。

在「輸出選項」部分取消「啟用寫入到 S3 儲存貯體」項目（在此我們只是要測試，故取消此項）。最後往下捲動至底部，按一下〔執行〕鈕。

顯示出「成功」字樣（請重新載入頁面）就表示完成。

保留設定 ✕

事件在以下時間後過期：

```
1 天                                                    ▼
```

⚠ 縮短保留期會永久刪除較舊的日誌資料。

取消　儲存

切換至 CloudWatch，稍待一會兒並重新載入頁面，secure 的日誌資料就會反映出來。

由於我們只是要確認設定步驟，故接著請在「日誌群組」頁面中，按一下 secure 日誌群組在「保留」欄位中的連結文字，將其「保留設定」改成「1 天」。

| | |
|---|---|
| 20:09:00 | Mar 11 20:09:00 ip-172-31-45-84 sshd[6598]: Invalid user test from |
| 20:09:00 | Mar 11 20:09:00 ip-172-31-45-84 sshd[6598]: input_userauth_reque |
| 20:09:05 | Mar 11 20:09:00 ip-172-31-45-84 sshd[6598]: Connection closed by |
| 20:09:07 | Mar 11 20:09:07 ip-172-31-45-84 sshd[6605]: Invalid user admin fro |
| 20:09:07 | Mar 11 20:09:07 ip-172-31-45-84 sshd[6605]: input_userauth_reque |
| 20:09:12 | Mar 11 20:09:07 ip-172-31-45-84 sshd[6605]: Connection closed by |

例如，當有不存在於 Linux 的使用者試圖登入時，系統便會輸出「Invalid user」的日誌記錄。

而經常出現這樣的日誌記錄就表示伺服器可能正受到某些威脅。

因此，我們可設定當「Invalid user」字串出現在日誌記錄中時，就傳送電子郵件。

請回到「日誌群組」頁面的日誌清單中，勾選欲設定的日誌群組，再點選「動作」-「建立指標篩選條件」。

在「篩選條件模式」欄位輸入欲篩選的字串後，按一下〔Next〕（下一步）鈕。

還可先在「測試模式」部分選擇要測試的日誌資料，並按一下〔測試模式〕鈕來測試所篩選的字串是否能運作。

輸入「篩選條件名稱」、「指標名稱」。本例將兩者都設為「Invalid-user」。

完成如上圖的設定，再按一下〔Next〕（下一步）鈕。

日誌串流 | 指標篩選條件 | 訂閱篩選條件 | **Contributor Insights**

---

**指標篩選條件 (1)**　　　　[ 編輯 ]　[ 刪除 ]　[ 建立警示 ⧉ ]　[ 建立指標篩選條件 ]

🔍 *Find metric filters*　　　　　　　　　　　　　　〈 1 〉　⚙

Invalid-user　　　　　　　　　　　　　　　　　☑

篩選條件模式
Invalid user

Metric
LogMetrics ⧉ / Invalid-user ⧉

指標數值
1

預設數值
-

Alarms
None.

---

於確認畫面確認各個設定值皆正確無誤後,即可按一下〔建立指標篩選條件〕鈕。所建立出的指標篩選條件會列在日誌群組詳細資訊下方的「指標篩選條件」頁次中,而此篩選條件和 CPU 使用率等其他指標一樣,都是以數值資料的形式處理。

secure 日誌記錄中每出現一次「Invalid user」,指標數值便會加 1。

接下來點按指標篩選條件的右上角方塊以勾選該條件,再按一下〔建立警示〕鈕。

指定每 5 分鐘的總和值。

將閾值條件定義為 1 以上。按一下〔下一步〕鈕。

在「通知」部分設定電子郵件通知。

將「警示狀態觸發」選為「警示中」，SNS 主題選為「建立新主題」，並輸入接收通知的電子郵件地址。

按一下〔建立主題〕鈕。

接著往下捲動至最下方，按一下〔下一步〕鈕。

輸入「警示名稱」後，按一下〔下一步〕鈕。

在顯示出的確認畫面中確認各項設定皆正確無誤，再往下捲動至底端，按一下〔建立警示〕鈕。

畫面上端顯示出「某些訂閱正在等待確認」的訊息。

請至剛剛設定接收通知的電子郵件信箱查看是否收到系統來信。

在收到的確認信中，按一下「Confirm subscription」連結文字。

已成功確認該電子郵件地址為警示的通知對象。

然後從用戶端，以不存在的使用者（admin 等），對 EC2 執行個體嘗試進行多次 SSH 連線登入。（SSH 連線登入的步驟請參照第 3 章的說明。）

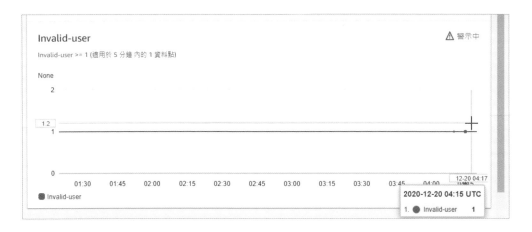

符合日誌的篩選條件模式，故呈現警示狀態。

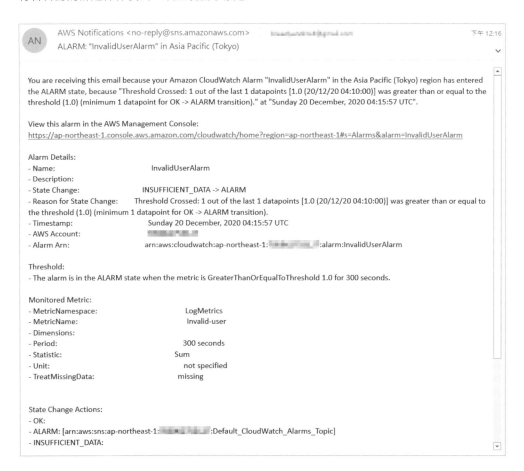

收到系統發出的警示通知郵件了。

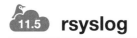 **rsyslog**

Amazon Linux 2 使用 rsyslog 來輸出系統的日誌記錄。

而 rsyslog 的輸出目標檔等，是設定在 /etc/rsyslog.conf 中。

```
$ sudo cat /etc/rsyslog.conf

# rsyslog configuration file

# For more information see /usr/share/doc/rsyslog-*/rsyslog_conf.html
# If you experience problems, see http://www.rsyslog.com/doc/troubleshoot.html

#### MODULES ####

# The imjournal module bellow is now used as a message source instead of imuxsock.
$ModLoad imuxsock # provides support for local system logging (e.g. via logger command)
$ModLoad imjournal # provides access to the systemd journal
#$ModLoad imklog # reads kernel messages (the same are read from journald)
#$ModLoad immark  # provides --MARK-- message capability

# Provides UDP syslog reception
#$ModLoad imudp
#$UDPServerRun 514

# Provides TCP syslog reception
#$ModLoad imtcp
#$InputTCPServerRun 514


#### GLOBAL DIRECTIVES ####

# Where to place auxiliary files
$WorkDirectory /var/lib/rsyslog

# Use default timestamp format
$ActionFileDefaultTemplate RSYSLOG_TraditionalFileFormat

# File syncing capability is disabled by default. This feature is usually not required,
# not useful and an extreme performance hit
#$ActionFileEnableSync on

# Include all config files in /etc/rsyslog.d/
$IncludeConfig /etc/rsyslog.d/*.conf

# Turn off message reception via local log socket;
# local messages are retrieved through imjournal now.
```

```
$OmitLocalLogging on

# File to store the position in the journal
$IMJournalStateFile imjournal.state


#### RULES ####

# Log all kernel messages to the console.
# Logging much else clutters up the screen.
#kern.*                                                  /dev/console

# Log anything (except mail) of level info or higher.
# Don't log private authentication messages!
*.info;mail.none;authpriv.none;cron.none                /var/log/messages

# The authpriv file has restricted access.
authpriv.*                                              /var/log/secure

# Log all the mail messages in one place.
mail.*                                                 -/var/log/maillog


# Log cron stuff
cron.*                                                  /var/log/cron

# Everybody gets emergency messages
*.emerg                                                 :omusrmsg:*

# Save news errors of level crit and higher in a special file.
uucp,news.crit                                          /var/log/spooler

# Save boot messages also to boot.log
local7.*                                                /var/log/boot.log


# ### begin forwarding rule ###
# The statement between the begin ... end define a SINGLE forwarding
# rule. They belong together, do NOT split them. If you create multiple
# forwarding rules, duplicate the whole block!
# Remote Logging (we use TCP for reliable delivery)
#
# An on-disk queue is created for this action. If the remote host is
# down, messages are spooled to disk and sent when it is up again.
#$ActionQueueFileName fwdRule1 # unique name prefix for spool files
#$ActionQueueMaxDiskSpace 1g    # 1gb space limit (use as much as possible)
#$ActionQueueSaveOnShutdown on # save messages to disk on shutdown
```

```
#$ActionQueueType LinkedList    # run asynchronously
#$ActionResumeRetryCount -1     # infinite retries if host is down
# remote host is: name/ip:port, e.g. 192.168.0.1:514, port optional
#*.* @@remote-host:514
# ### end of the forwarding rule ###
```

在一開始的「#### MODULES ####」部分，有 $ModLoad 的設定。這是在設定要啟用哪個模組。其中以「#」起頭的行被註解掉了，故相當於設為停用。

- imuxsock：啟用。支援 logger 指令等的輸出。
- imjournal：啟用。支援 systemd 的 journal 日誌記錄。
- imklog：停用。支援核心日誌記錄（Kernel Log）。
- immark：停用。輸出標記。
- imudp：停用。以 UDP 接收訊息。
- imtcp：停用。以 TCP 接收訊息。

而在「#### RULES ####」部分，則定義了要將哪個訊息輸出至哪個檔案。

此外「$IncludeConfig /etc/rsyslog.d/*.conf」代表了將 /etc/rsyslog.d 目錄下的 *.conf 檔也都納入。

如此一來，有其他額外設定時，便可將設定建立於 /etc/rsyslog.d 目錄下，以避免直接編輯 rsyslog.conf 檔，好安全地新增設定。

例如 cloud-init 的日誌記錄設定就是寫在 /etc/rsyslog.d 目錄中。

```
$ ls /etc/rsyslog.d

21-cloudinit.conf  listen.conf

$ cat /etc/rsyslog.d/21-cloudinit.conf

# Log cloudinit generated log messages to file
:syslogtag, isequal, "[CLOUDINIT]" /var/log/cloud-init.log

# comment out the following line to allow CLOUDINIT messages through.
# Doing so means you'll also get CLOUDINIT messages in /var/log/syslog
& stop
```

先瞭解系統會輸出哪些日誌記錄，再決定要監控的目標對象！

## 欲指定輸出執行日誌記錄時就用 logger 指令

想要自行指定輸出特定的日誌記錄時，可使用 logger 指令。而 logger 指令的輸出會被記錄於 /var/log/messages。

```
$ logger "test"
```

**/var/log/messages**

```
Mar 29 20:33:16 ip-172-31-45-84 ssm-user: test
```

## 日誌檔的輪替處理

為了避免單一日誌檔變得過於龐大，系統會對日誌檔進行輪替處理。以 messages 日誌記錄為例，其輪替結果如下。

```
$ sudo ls /var/log | grep messages

messages
messages-20200308
messages-20200315
messages-20200322
messages-20200329
```

輪替的規則設定於 /etc/logrotate.conf 中。

```
$ cat /etc/logrotate.conf

# see "man logrotate" for details
# rotate log files weekly
weekly

# keep 4 weeks worth of backlogs
rotate 4

# create new (empty) log files after rotating old ones
create

# use date as a suffix of the rotated file
dateext
```

Chapter 11 / 監控 Linux 伺服器

```
# uncomment this if you want your log files compressed
#compress

# RPM packages drop log rotation information into this directory
include /etc/logrotate.d

# no packages own wtmp and btmp -- we'll rotate them here
/var/log/wtmp {
    monthly
    create 0664 root utmp
        minsize 1M
    rotate 1
}

/var/log/btmp {
    missingok
    monthly
    create 0600 root utmp
    rotate 1
}

# system-specific logs may be also be configured here.
```

Amazon Linux 2 預設是每週進行 1 次輪替處理，並保留過去 4 代的檔案。

妥善搭配運用 Linux 的輸出日誌及 CloudWatch 等的 AWS 服務功能，有效率地進行監控！

Chapter

# 12

Linux 的安全性設定

# Linux 的安全性設定

Instance

為了透過 AWS 來學習 Linux，在先前的章節中便已依需要解說了各種與安全性有關的設定。
而本章則是進一步統一整理了保護 EC2 執行個體所需的各項安全性設定。

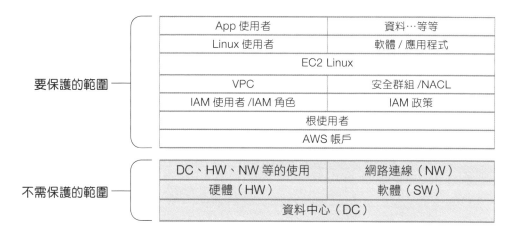

| 要保護的範圍 | App 使用者 | 資料…等等 |
| --- | --- | --- |
| | Linux 使用者 | 軟體 / 應用程式 |
| | EC2 Linux | |
| | VPC | 安全群組 /NACL |
| | IAM 使用者 /IAM 角色 | IAM 政策 |
| | 根使用者 | |
| | AWS 帳戶 | |

| 不需保護的範圍 | DC、HW、NW 等的使用 | 網路連線（NW） |
| --- | --- | --- |
| | 硬體（HW） | 軟體（SW） |
| | 資料中心（DC） | |

就 EC2 執行個體的安全性而言，基本上可分為要保護的範圍和不需保護的範圍。所謂不需保
護的範圍，其實就是我們無法掌控的部分。這些部分包括了 AWS 為了提供雲端服務所營運
並管理的資料中心設施、硬體、網路連線及軟體等。

資料中心的實體保全，還有存放資料之儲存設備的廢棄處理、網路連線的監控與保護、實體
與軟體層級的認證等，都屬於 AWS 負責的範圍。不是我們管得到的。

關於 AWS 是如何保護這些資源，又是如何從外部加以審核等資訊，你可從管理控制台進入 **AWS Artifact** 的頁面以取得相關報告，而在《Amazon Web Services: Overview of Security Processes》白皮書等文件中也有相關說明。

身為 AWS 使用者的我們，可瞭解自己所能掌控的保護範圍，並致力於維護其安全性。

雖說在先前各章節中也曾依需要分別做過說明，不過本章將統一針對 EC2 執行個體上的 Linux 伺服器安全防護，解說其中較具代表性的一些要素。

#  12.1 AWS 帳戶與根使用者

在第 2 章介紹環境建構時便已提到過，AWS 帳戶是依各個使用者區分的獨立環境。因此首先，我們必須保護 AWS 帳戶的安全。

## 12.1.1 關於根使用者的運用

在此，最重要的要素就是根使用者。根使用者具有 AWS 帳戶的所有權限，而我們無法縮減其權限範圍。

在進行一般的操作處理時，不會使用根使用者。除非是要進行只有根使用者才能進行的操作，否則都不會用到根使用者。而只有根使用者才能進行的操作主要有以下這些。

- 變更帳戶名稱、根使用者的電子郵件地址、密碼
- 變更 AWS 的支援計劃
- 在預留執行個體市場上登記掛賣
- 建立 CloudFront 金鑰對
- 啟用 S3 儲存貯體的 MFA Delete
- 關閉 AWS 帳戶

## 12.1.2 替根使用者新增 MFA

正如第 2 章曾詳細說明過的，請啟用多重驗證（Multi Factor Authentication）功能。

243

本書是以 MFA 的軟體為例來說明，但在正式營運時，有時甚至會結合物理性的防護，像是使用專用的硬體裝置並將之保管於保險櫃等安全處。

### 12.1. 3 強化根使用者的密碼

根使用者的密碼一定要設定得特別嚴謹，必須是高強度的密碼才行。
像筆者都設定 16 個字元以上，且包含大小寫字母及數字、符號的密碼。

將整個帳戶的密碼政策先統一設定好。
而設定好的密碼政策也可套用（附加）至各個 IAM 使用者。

### 12.1. 4 建立 IAM 使用者並授予帳單資訊存取權限

請授予 IAM 使用者帳單資訊的存取權限，並建立管理用的 IAM 使用者。其詳細步驟請參照第 2 章。

## 12.2 瞭解 IAM 使用者、IAM 政策及 IAM 角色

### 12.2. 1 建立 IAM 使用者

如第 2 章所建立的管理使用者等，若需從管理控制台進行操作的話，就該建立 IAM 使用者。
這種 IAM 使用者的存取權限可以被限縮。
請遵循「最小權限原則」，為各個 IAM 使用者設定所需之最小範圍權限。
權限是在 IAM 政策中設定。
而管理多個 IAM 使用者時，最好建立 IAM 群組以便統一管理。

## 12.2.2 什麼是 IAM 政策？

IAM 政策可附加（連接）至 IAM 使用者、IAM 群組、IAM 角色上。而 IAM 政策共有 3 種。

- AWS 受管政策：AWS 所管理的政策，預設即於帳戶中提供。

- 客戶受管政策：由使用者建立的共享政策。

- 內嵌政策：只附加在特定使用者、群組、角色上的政策。

希望 IAM 使用者只進行 EC2 的操作時，就附加 AWS 受管政策中的 AmazonEC2FullAccess。

由上圖 AmazonEC2FullAccess 的摘要資訊畫面可看出，不只是 EC2，此政策還會套用其他各種與 EC2 有關的服務權限。而且 EC2 也包含 VPC 的操作。

那麼，假設你不想讓這個使用者編輯安全群組。

這種情況是有可能的，有時的確會想避免讓任何人都可隨意變更安全群組中針對 SSH 及 RDP 的來源。

這時，就要同時附加如下的拒絕（"Effect": "Deny"）政策。

```
{
    "Version": "2012-10-17",
    "Statement": [
        {
            "Sid": "VisualEditor0",
            "Effect": "Deny",
            "Action": [
                "ec2:RevokeSecurityGroupIngress",
                "ec2:AuthorizeSecurityGroupEgress",
                "ec2:AuthorizeSecurityGroupIngress",
```

```
                "ec2:UpdateSecurityGroupRuleDescriptionsEgress",
                "ec2:CreateSecurityGroup",
                "ec2:RevokeSecurityGroupEgress",
                "ec2:DeleteSecurityGroup",
                "ec2:UpdateSecurityGroupRuleDescriptionsIngress"
            ],
            "Resource": "*"
        }
    ]
}
```

如此便能控制該使用者，使之無法建立新的安全群組，也無法更改既有的安全群組。

該使用者若試圖建立新的安全群組，便會被拒絕而收到錯誤訊息。

該使用者若試圖編輯、更改既有安全群組的規則，也會被拒絕而收到錯誤訊息。

Launch Status

❶ Launch Failed
You are not authorized to perform this operation. Encoded authorization failure message: AgkbexyQiNDr_uR_A1XSXuyN-
dEO6IfVjVnCnUevv16X6FmHDkc52IGobjWOBin8pwXyMuHRCN636YL0zcvCZfitQkV4eMTuQxEr1EU4j9R7Fu1rJB0mC15v0x441rAnrJt3ZVBU9X-
BUvUtMPpN_yBRnwUvkRtYTPUg8iDgHjxuAnsDRBeUhvcn5arlawtG5FVZVHNFf_B97fSX82rtfEV8OjMNanxD_T3LM6vz2nWXIsIuIOghQOibBviUdH-
kd7VTiiRRqyagU0NhMCJr9qR1woKBcl3MeS0QjchEKojxy0S8-
oyKOf5XpKkPWepSG8yJE5GdZbvKVr9oXtgdKs_48Lk5gX0RRmFnglb5cP9ASNimQ6NpF9ljPrndIRAq_hDJ_bB7m8GbccF7OAj5Rt28Ka7qsKne_DIKlZA1ezRdt
vNhKYJVlZKNC2d_4cSx0nK0QX4K11fjHrKL9ZDK8oRVCC9fNwT4H2Jh9RVxRQxiJeBSJCIruaXAES_RVZ31U9L36eh8D99SFGy26PqxDBaAnXz-
p2FNymY2JaKs3miE0MUHq_NAEK2eFNQABLc9W_Oz9JCoBi5lGd5Y8g4Jfkz1-
Ukq6nBoKuRoGHrndGGun6bngund2q7M8pLqVmG8ldyi8m4G6kNIFFqH4yDfpSBjNIiJaK5UuwwTmsIrHWTZVY4bU6G-PIdaxurqsU3Ax6PknCh-
OhCBLReCKYmQzZUIE8CnyGLQYM9w
Hide launch log

Creating security groups                    Failure  Retry

Cancel   Back to Review Screen   Retry Failed Tasks

當該使用者試圖啟動新的 EC2 執行個體,則於建立新安全群組之階段,同樣會被拒絕而收到錯誤訊息。

在 IAM 中,當許可和拒絕(禁止)的項目重複時,會以拒絕為優先。

IAM 政策是以 JSON 格式編寫,不過你也可利用管理控制台的視覺化編輯器來產生 JSON 格式的政策。

可在 IAM 政策中設定的主要 JSON 元素包括以下這些。

- Action:可指定個別的 API 操作。

- Resouce:可用 ARN(Amazon Resource Name)指定目標資源。
  arn:aws: 服務:地區:帳戶:類型 / 識別碼
  例:arn:aws:ec2:us-east-1:111122223333:instance/instance-id

- Condition:可定義啟用政策之條件。例如僅限於來自特定 IP 位址的存取,或僅限特定地區等。

IAM 政策要以所需之最小範圍權限來設定!

IAM 角色

EC2 執行個體　　　　　　　　　S3 儲存貯體

就如第 3 章與 Systems Manager 的連線,還有第 7 章與 S3 的連線,從用了 SDK 且部署於 EC2 執行個體的程式或指令連接 AWS 的其他服務時,都是使用 IAM 角色。

雖然我們也可以建立個別的 IAM 使用者,並以手動方式將存取金鑰保存在 EC2 執行個體上,藉此通過 AWS API 服務的認證程序,但這種做法有其風險。

萬一存取金鑰的資訊洩漏,系統就有可能遭到冒名存取。而以手動方式處理存取金鑰,就有洩漏的可能。

藉由 IAM 角色的使用,系統便會自動將臨時的存取金鑰等認證資訊設定在 EC2 上。

我們這些使用者沒必要知道金鑰資訊,系統也會自動更新金鑰,如此便可讓 EC2 執行個體上的程式及指令安全地進行認證。

基於以上理由,在 EC2 上,一般都建議使用 IAM 角色。

##  12.3 CloudTrail、GuardDuty、VPC

### 12.3. 1 CloudTrail、GuardDuty

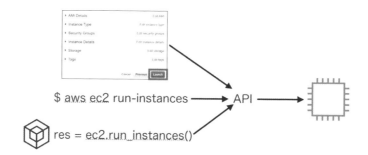

$ aws ec2 run-instances ⟶ API ⟶

res = ec2.run_instances()

於 AWS 帳戶上進行的 AWS 服務操作,全都是在執行對 API 的請求。

就連啟動 EC2 執行個體的操作,不論是在管理控制台中按一下〔Launch〕(啟動)鈕,還是在 AWS CLI(命令列介面)執行 aws ec2 run-instances,又或是用 Python 語言以 AWS SDK 執行 ec2.run_instances() 之類的程式碼,都是在對 RunInstances API 傳送請求。

而詳細記錄了這些 API 請求及其結果的,就是 CloudTrail。

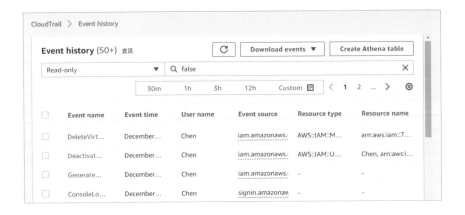

你可在 CloudTrail 進行追蹤調查。雖然這些資訊預設就會記錄在 AWS 帳戶中，但僅限 7 天內有效。

在正式營運的環境中，請務必建立線索，以收集所需期間內的 CloudTrail 日誌記錄。

會自動調查 CloudTrail 及其他資訊，持續監控惡意操作及違法行為，並如上圖將威脅報告出來的，就是 GuardDuty。

只要按一下便能立即開始使用。

## 12.3. 2 VPC、安全群組

使用 VPC、安全群組來設定網路的安全性。這部分將於接著的第 13 章，以一般狀況為例進行說明。

## 12.4 如何評估 Linux 伺服器的安全性？

欲評估 Linux 伺服器的安全性時，可使用 Amazon Inspector 服務。Amazon Inspector 會幫我們檢查 EC2 執行個體上是否存在有漏洞。

在管理控制台的搜尋服務欄位搜尋「Inspector」，找到並進入 Amazon Inspector 的頁面。

按一下〔開始使用〕鈕。

在取消「Network Assessments」項目，並勾選「Host Assessments」項目的狀態下，按一下〔Run once〕鈕。

「Host Assessments」可進行較為詳細的漏洞檢查。

若是在正式營運的環境中，按下〔Run weekly（recommended）〕鈕每週都進行檢查或許會比較妥當，但在此我們只是做個測試，所以按〔Run once〕鈕就好。

這時會顯示出確認畫面，請按一下〔確定〕鈕。

系統會建立目標與範本，開始進行評估。

整個評估大約會持續 1 小時，故我們稍後再回頭來查看結果。

大約 1 小時後，便出現結果報告。

看來發現了許多不符合規則要求的問題。

若是必須符合規則套件之要求，就要逐一查看清單中各問題的細節，並修正各項設定。

**12.5** 瞭解 Linux 伺服器的安全性功能

## 12.5. 1 SUID

一旦根使用者替擁有者的程式檔設定了 SUID，則即使是由一般使用者執行該指令，仍會以根使用者的權限來執行。亦即特定指令的 SUID，會根據未被許可的要求及政策來變更權限。目前有設定 SUID 的檔案可用如下指令列出。

```
$ sudo find / -perm -u+s -ls

12934153   144 ---s--x--x   1 root     root      147240 Mar 13 06:23 /usr/bin/sudo
12934115    28 -rwsr-xr-x   1 root     root       27776 Feb 14 06:33 /usr/bin/passwd
12959900    32 -rwsr-xr-x   1 root     root       32032 Jul 27  2018 /usr/bin/su
12948775    64 -rwsr-xr-x   1 root     root       64160 Aug  1  2018 /usr/bin/chage
12948776    80 -rwsr-xr-x   1 root     root       78128 Aug  1  2018 /usr/bin/gpasswd
12948778    44 -rwsr-xr-x   1 root     root       41712 Aug  1  2018 /usr/bin/newgrp
12959885    36 -rwsr-xr-x   1 root     root       35952 Jul 27  2018 /usr/bin/mount
12959903    28 -rwsr-xr-x   1 root     root       27776 Jul 27  2018 /usr/bin/umount
13048436    60 -rwsr-xr-x   1 root     root       57504 Jan 16 09:55 /usr/bin/crontab
13118737    52 -rwsr-xr-x   1 root     root       52872 Jan 16 09:54 /usr/bin/at
13122420   204 ---s--x---   1 root     stapusr   208240 Dec 19 07:58 /usr/bin/staprun
14046223    24 -rwsr-xr-x   1 root     root       23496 Aug 14  2019 /usr/bin/pkexec
621786      12 -rwsr-xr-x   1 root     root       11152 Jul 28  2018 /usr/sbin/pam_timestamp_check
621788      36 -rwsr-xr-x   1 root     root       36176 Jul 28  2018 /usr/sbin/unix_chkpwd
763930      12 -rwsr-xr-x   1 root     root       11200 Oct  2  2019 /usr/sbin/usernetctl
764121      40 -rws--x--x   1 root     root       40248 Aug  1  2018 /usr/sbin/userhelper
787400     112 -rwsr-xr-x   1 root     root      113272 Aug 17  2018 /usr/sbin/mount.nfs
16817684    16 -rwsr-xr-x   1 root     root       15344 Aug 14  2019 /usr/lib/polkit-1/polkit-agent-helper-1
13048418    60 -rwsr-x---   1 root     dbus       57880 Jul 28  2018 /usr/libexec/dbus-1/dbus-daemon-launch-helper
```

目前有設定 SGID（群組）的檔案可用如下指令列出。

```
$ sudo find / -perm -g+s -ls

12820106    16 -r-xr-sr-x   1 root     tty        15264 Aug  1  2018 /usr/bin/wall
12959910    20 -rwxr-sr-x   1 root     tty        19472 Jul 27  2018 /usr/bin/write
13122413   464 -rwxr-sr-x   1 root     screen    471144 Jul 28  2018 /usr/bin/screen
13118509   364 ---x--s--x   1 root     nobody    369712 Nov  8 09:25 /usr/bin/ssh-agent
13118523    40 -rwx--s--x   1 root     slocate    40432 Jul 28  2018 /usr/bin/locate
763925       8 -rwxr-sr-x   1 root     root        7040 Oct  2  2019 /usr/sbin/netreport
807213     256 -rwxr-sr-x   1 root     postdrop  259936 Aug  1  2018 /usr/sbin/postqueue
807206     212 -rwxr-sr-x   1 root     postdrop  214400 Aug  1  2018 /usr/sbin/postdrop
3028894     16 -rwx--s--x   1 root     utmp       15488 Aug 16  2018 /usr/lib64/vte-2.91/gnome-pty-helper
689394      12 -rwx--s--x   1 root     utmp       11128 Aug  1  2018 /usr/libexec/utempter/utempter
13048486   444 ---x--s--x   1 root     ssh_keys  453376 Nov  8 09:25 /usr/libexec/openssh/ssh-keysign
```

## 12.5.2 sshd_config

我們在第 4 章將新使用者的 SSH 驗證方式從金鑰對改為密碼驗證時,所編輯的檔案是 /etc/
ssh/sshd_config。該檔是 SSH 驗證伺服器的設定檔。

而在 Amazon Linux 2 中,其預設設定如下。其中以「#」起頭的行是被註解掉了,會採用
sshd 的預設值。

**查看該設定檔的指令**

```
$ sudo cat /etc/ssh/sshd_config
```

以下為主要的設定項目。

```
# If you want to change the port on a SELinux system, you have to tell
# SELinux about this change.
# semanage port -a -t ssh_port_t -p tcp #PORTNUMBER
#
#Port 22
#AddressFamily any
#ListenAddress 0.0.0.0
#ListenAddress ::
```

若要將連接埠號碼從預設的 22 更改成別的號碼,就把 Port 前面的「#」刪除,並更改
號碼。

```
HostKey /etc/ssh/ssh_host_rsa_key
#HostKey /etc/ssh/ssh_host_dsa_key
HostKey /etc/ssh/ssh_host_ecdsa_key
HostKey /etc/ssh/ssh_host_ed25519_key
```

以上是主機的私密金鑰檔。

```
# Authentication:

#LoginGraceTime 2m
#PermitRootLogin yes
#StrictModes yes
#MaxAuthTries 6
#MaxSessions 10
```

以上的 PermitRootLogin 為根使用者的登入控制。

Chapter 12 / Linux 的安全性設定

```
#PubkeyAuthentication yes

# The default is to check both .ssh/authorized_keys and .ssh/authorized_keys2
# but this is overridden so installations will only check .ssh/authorized_keys
AuthorizedKeysFile .ssh/authorized_keys

#AuthorizedPrincipalsFile none

# For this to work you will also need host keys in /etc/ssh/ssh_known_hosts
#HostbasedAuthentication no
# Change to yes if you don't trust ~/.ssh/known_hosts for
# HostbasedAuthentication
#IgnoreUserKnownHosts no
# Don't read the user's ~/.rhosts and ~/.shosts files
#IgnoreRhosts yes
```

以上為 SSH 第 2 版的公開金鑰驗證設定。

```
# To disable tunneled clear text passwords, change to no here!
#PasswordAuthentication no
#PermitEmptyPasswords no
PasswordAuthentication no
```

不允許以密碼登入。且 PermitEmptyPasswords 也設定了就算以密碼驗證，也不允許使用空密碼。

搭配運用 AWS 的安全性服務和 Linux 的功能，有效率地防範風險威脅！

Chapter

# 13

瞭解網路

# Chapter. 13 瞭解網路

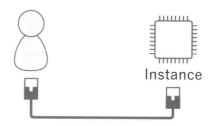

Instance

本章將針對啟動 EC2 執行個體的網路及網路相關指令、注意事項、最佳做法等進行解說。在第 3 章中,我們利用 AWS 帳戶預設已備好的 VPC 網路環境,建構了 EC2 執行個體。

這個預設的 VPC,是為了在 AWS 上進行驗證時能夠簡單輕鬆地開始而準備的。

本書便是以預設的 VPC 輕鬆地開始了驗證處理。但在建構正式的營運環境時,必須先以VPC 建構專用的網路環境,再建立 EC2 執行個體。

因此接下來就要為各位說明 VPC 及 VPC 相關的網路服務。

## 13.1 設定 VPC 網路環境

### 13.1.1 什麼是 VPC 網路?

利用 VPC(Virtual Private Cloud),我們就能在 AWS 上建構隔離的網路環境。

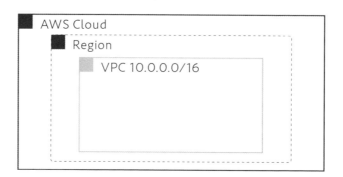

首先選擇在想要的地區,定義想要的私有 IP 位址範圍,以建立 VPC。

其中 IP 位址範圍是以 CIDR 表示法來指定。而在指定 IP 位址時,可指定 IPv4 位址也可指定IPv6 位址。

## 瞭解 IPv4 位址

由於各個 EC2 執行個體也都設有 IP 位址,故在此簡單介紹一下 IP 位址的基本概要。

假設 VPC 的 IP 位址範圍是 10.0.0.0/16。這時在 VPC 上,從 10.0.0.0 到 10.0.255.255 的 IP 位址都可使用。其原理如下。

- 10 進位標記
  - 10.0.0.0
  - 10.0.255.255

- 2 進位標記
  - 00001010.00000000.00000000.00000000
  - 00001010.00000000.11111111.11111111

IPv4 位址是以 32 個位元構成。每 8 個位元用「.」隔開,共分隔為 4 組。而每組稱為 1 個「Octet」。

8 位元的最大值,就是 2 進位的每一位數都為 1 的狀態,換成 10 進位就是 255。

若在斜線後的位元值為 16,就等於定義了前 16 個位元不動的網路位址。而未指定的部分可使用至最大範圍。

以上例來說,第 3 個 Octet 和第 4 個 Octet 從 00000000.00000000 到 11111111.11111111 為止都可使用。

若改以 10 進位表示,就是從 0.0 到 255.255 為止都可使用。

## 瞭解 IPv6 位址

IPv6 位址是以 128 個位元構成。每 16 個位元用「:」隔開,共分隔為 8 組。以 16 進位標記。

**2001:0db8:1234:5678:90ab:cdef:0000:0000**

IPv6 位址可用的 IP 位址比 IPv4 位址要多得多。

16 進位是以 0 ~ 9 的數字加上 a ~ f 的英文字母來表示!

### 13.1.2 建立子網路

建立好 VPC 後,接著便可指定特定的可用區域,以建立子網路。

子網路要依其作用建立,甚至是建立於多個可用區域以實現更高的可用性。

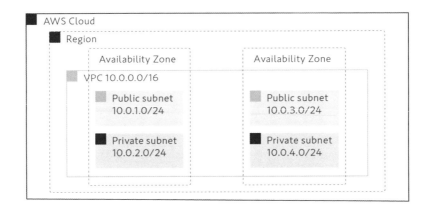

在上圖的例子中，先分別命名並建立 Public Subnet 和 Private Subnet 兩個子網路，然後再將之與後述的路由表建立關聯，便可依作用建構出網路配置。我們要用子網路來分割 VPC 所指定的 IP 位址範圍。

假設 VPC 的 IP 位址範圍是 10.0.0.0/16 的話，以下就是一個分割的例子。

- Public Subnet
  - 10.0.1.0/24
  - 10.0.3.0/24

- Private Subnet
  - 10.0.2.0/24
  - 10.0.4.0/24

各個 IP 位址都在 VPC 的 10.0.0.0 ～ 10.0.255.255 之間，後面還加上了「/24」的 24 位元範圍指定。

這表示 Public Subnet 使用 10.0.1.0 ～ 10.0.1.255 和 10.0.3.0 ～ 10.0.3.255 之間的 IP 位址。
Private Subnet 則使用 10.0.2.0 ～ 10.0.2.255 和 10.0.4.0 ～ 10.0.4.255 之間的 IP 位址。

> 用 VPC 和子網路來決定私有 IP 位址範圍！

### 13.1. 3 何謂網際網路閘道？

VPC 是 AWS 帳戶獨立的隔離私有網路環境，基本上無法直接與網際網路通訊。

但很多時候，可能會需要設置 Web 伺服器以供末端使用者訪問，或是希望能透過網際網路存取等。

這時，就必須建立網際網路閘道，並附加至 VPC。

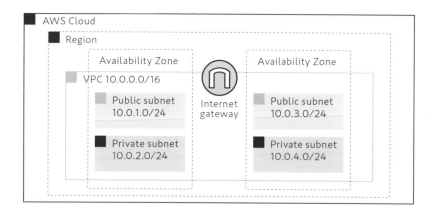

網際網路閘道就是 VPC 與網際網路之間的出入口。

### 13.1.4 何謂路由表？

我們可用路由表來建立關聯，以決定從網際網路閘道至子網路之間能否通訊。
有針對網際網路閘道設定路由的子網路為 Public Subnet，而沒設定的則為 Private Subnet。

- 與 Public Subnet 關聯的路由表

  目的地 | 目標

  :--|:--

  10.10.0.0/16|local

  0.0.0.0/0| 網際網路閘道

- 與 Private Subnet 關聯的路由表

  目的地 | 目標

  :--|:--

  10.10.0.0/16|local

用閘道和路由表來設定網路路由！

預設 VPC 的預設子網路是 Public Subnet。由於 Public Subnet 可接受來自網際網路的通訊，故也容易成為攻擊的目標。
在正式營運的環境中，也有很多執行個體是需要保護的。於是便造成很多執行個體都在 Private Subnet 中啟動。
預設的 VPC 並不適合用於正式的營運環境。

對 EC2 執行個體進行流量控制的，是安全群組。

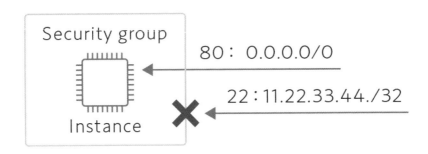

安全群組主要設定的是，哪些連接埠允許哪些來源的資料傳輸。

也就是一種虛擬的防火牆功能。其中來源 IP 位址是以 CIDR 表示法來指定。

以上圖的安全群組為例，其所指定的傳入規則如下。

安全群組是針對執行個體進行設定，設定的是允許的傳入規則。而另外還有一種防火牆功能，叫網路存取控制清單（NACL）。

網路存取控制清單是針對子網路進行設定，且不僅能設定許可規則，還能設定拒絕規則。

# 13.2 什麼是連接埠（Port）?

## 13.2.1 查看連接埠

在設定安全群組的規則時，一旦將類型選為「HTTP」，連接埠範圍便會自動被指定為 80，而將類型選為「SSH」時，則會自動被指定為 22。

這些是連接埠號碼，是程序等待連線的號碼。每個程序都設有連接埠號碼。

這些等待連線的號碼就是所謂「開啟的連接埠」。在 Linux 伺服器之外，有安全群組在控管可通過的連接埠。

而為了要受理連線，Linux 伺服器本身也必須開啟連接埠。

若要查看目前有哪些連接埠是開啟的，可使用 ss 指令。

```
$ ss -atu

Netid  State        Recv-Q   Send-Q              Local Address:Port           Peer Address:Port
udp    UNCONN       0        0                   0.0.0.0:sunrpc               0.0.0.0:*
udp    UNCONN       0        0                   0.0.0.0:netviewdm1           0.0.0.0:*
udp    UNCONN       0        0                   127.0.0.1:25826              0.0.0.0:*
udp    UNCONN       0        0                   127.0.0.1:323                0.0.0.0:*
udp    UNCONN       0        0                   0.0.0.0:bootpc               0.0.0.0:*
tcp    LISTEN       0        5                   0.0.0.0:5901                 0.0.0.0:*
tcp    LISTEN       0        128                 0.0.0.0:sunrpc               0.0.0.0:*
tcp    LISTEN       0        128                 0.0.0.0:6001                 0.0.0.0:*
tcp    LISTEN       0        128                 0.0.0.0:ssh                  0.0.0.0:*
tcp    LISTEN       0        128                 0.0.0.0:ipp                  0.0.0.0:*
tcp    LISTEN       0        100                 127.0.0.1:smtp               0.0.0.0:*
tcp    TIME-WAIT    0        0                   172.31.45.84:54050           54.239.96.215:https
tcp    ESTAB        0        0                   172.31.45.84:48750           54.240.225.178:https
tcp    TIME-WAIT    0        0                   172.31.45.84:45230           52.119.223.36:https
tcp    CLOSE-WAIT   54       0                   172.31.45.84:48770           52.119.222.116:https
tcp    LISTEN       0        5                   [::]:5901                    [::]:*
tcp    LISTEN       0        128                 [::]:sunrpc                  [::]:*
tcp    LISTEN       0        128                 *:http                       *:*
```

使用 lsof 指令則可查看程序所使用的連接埠。

```
$ sudo lsof -i
COMMAND    PID    USER    FD    TYPE DEVICE SIZE/OFF NODE NAME
rpcbind    2675    rpc     6u    IPv4  16450      0t0  UDP *:sunrpc
rpcbind    2675    rpc     7u    IPv4  16451      0t0  UDP *:netviewdm1
rpcbind    2675    rpc     8u    IPv4  16452      0t0  TCP *:sunrpc (LISTEN)
rpcbind    2675    rpc     9u    IPv6  16453      0t0  UDP *:sunrpc
rpcbind    2675    rpc    10u    IPv6  16454      0t0  UDP *:netviewdm1
rpcbind    2675    rpc    11u    IPv6  16455      0t0  TCP *:sunrpc (LISTEN)
chronyd    2693  chrony   1u    IPv4  17165      0t0  UDP localhost:323
```

```
chronyd      2693   chrony    2u  IPv6   17166     0t0  UDP localhost6:323
dhclient     2914     root    6u  IPv4   17808     0t0  UDP *:bootpc
dhclient     2964     root    5u  IPv6   18018     0t0  UDP ip-172-31-45-84.ap-northeast-1.compute.internal:dhcpv6-client
amazon-cl    3008     root    3u  IPv4   18825     0t0  UDP localhost:25826
amazon-cl    3008     root    6u  IPv6   18829     0t0  UDP *:8125
amazon-cl    3008     root    7u  IPv4  536241     0t0  TCP ip-172-31-45-84.ap-northeast-1.compute.internal:49246-
                                                        >54.239.96.159:https (ESTABLISHED)
master       3136     root   13u  IPv4   19172     0t0  TCP localhost:smtp (LISTEN)
amazon-ss    3181     root    8u  IPv4  537140     0t0  TCP ip-172-31-45-84.ap-northeast-1.compute.internal:42504-
                                                        >54.240.225.173:https (ESTABLISHED)
amazon-ss    3181     root   11u  IPv4  465996     0t0  TCP ip-172-31-45-84.ap-northeast-1.compute.internal:51190-
                                                        >52.119.222.59:https (ESTABLISHED)
amazon-ss    3181     root   15u  IPv4  537110     0t0  TCP ip-172-31-45-84.ap-northeast-1.compute.internal:37212-
                                                        >54.240.225.181:https (ESTABLISHED)
awsagent     3257     root    6u  IPv4  536944     0t0  TCP ip-172-31-45-84.ap-northeast-1.compute.internal:48844-
                                                        >52.119.222.116:https (CLOSE_WAIT)
Xvnc         3286 ssm-user    5u  IPv6   20623     0t0  TCP *:6001 (LISTEN)
Xvnc         3286 ssm-user    6u  IPv4   20624     0t0  TCP *:6001 (LISTEN)
Xvnc         3286 ssm-user    9u  IPv4   20633     0t0  TCP *:5901 (LISTEN)
Xvnc         3286 ssm-user   10u  IPv6   20634     0t0  TCP *:5901 (LISTEN)
sshd         3358     root    3u  IPv4   20856     0t0  TCP *:ssh (LISTEN)
sshd         3358     root    4u  IPv6   20858     0t0  TCP *:ssh (LISTEN)
ssm-sessi   23072     root   17u  IPv4  535179     0t0  TCP ip-172-31-45-84.ap-northeast-1.compute.internal:54066-
                                                        >52.119.220.97:https (ESTABLISHED)
httpd       24020     root    4u  IPv6  102533     0t0  TCP *:http (LISTEN)
httpd       24024   apache    4u  IPv6  102533     0t0  TCP *:http (LISTEN)
httpd       24025   apache    4u  IPv6  102533     0t0  TCP *:http (LISTEN)
httpd       24026   apache    4u  IPv6  102533     0t0  TCP *:http (LISTEN)
httpd       24030   apache    4u  IPv6  102533     0t0  TCP *:http (LISTEN)
httpd       24031   apache    4u  IPv6  102533     0t0  TCP *:http (LISTEN)
httpd       24074   apache    4u  IPv6  102533     0t0  TCP *:http (LISTEN)
cupsd       25607     root   10u  IPv4  107115     0t0  TCP *:ipp (LISTEN)
cupsd       25607     root   11u  IPv6  107116     0t0  TCP *:ipp (LISTEN)
```

## 13.2. 2 用 TCP Wrapper 管理連線

在 AWS 上,你可用安全群組或網路存取控制清單來控管來自特定來源的連線請求。
而在 Linux 上則有個 TCP Wrapper 功能,可以允許、拒絕來自特定來源的連線。

你可於 /etc/hosts.allow 中設定允許的服務及來源網域或 IP 位址。
還可於 /etc/hosts.deny 中設定要拒絕的服務及來源網域或 IP 位址。
這部分在 Amazon Linux 2 中並無任何預設設定。

```
$ cat /etc/hosts.allow
#
# hosts.allow    This file contains access rules which are used to
#                allow or deny connections to network services that
#                either use the tcp_wrappers library or that have been
#                started through a tcp_wrappers-enabled xinetd.
#
#                See 'man 5 hosts_options' and 'man 5 hosts_access'
#                for information on rule syntax.
#                See 'man tcpd' for information on tcp_wrappers
#
```

```
$ cat /etc/hosts.deny
#
# hosts.deny     This file contains access rules which are used to
#                deny connections to network services that either use
#                the tcp_wrappers library or that have been
#                started through a tcp_wrappers-enabled xinetd.
#
#                The rules in this file can also be set up in
#                /etc/hosts.allow with a 'deny' option instead.
#
#                See 'man 5 hosts_options' and 'man 5 hosts_access'
#                for information on rule syntax.
#                See 'man tcpd' for information on tcp_wrappers
```

 **13.3** 瞭解網路設定檔

在網路的設定中,有一些是在 VPC 上明確設定的,也有一些是隱含的自動設定。

若你是在 EC2 執行個體上啟動 Linux 伺服器,那麼即使不直接編輯這些檔案,也能加以利用。

但依需求不同,有時仍可能會需要設定或查看這些檔案,故以下便為各位介紹 Linux 的各個網路設定檔。

### 13.3. 1 /etc/services

記載了各項服務及其連接埠號碼。

```
cat /etc/services | grep http
http            80/tcp          www www-http    # WorldWideWeb HTTP
http            80/udp          www www-http    # HyperText Transfer Protocol
http            80/sctp                         # HyperText Transfer Protocol
```

```
https            443/tcp                     # http protocol over TLS/SSL
https            443/udp                     # http protocol over TLS/SSL
https            443/sctp                    # http protocol over TLS/SSL

~ 後略 ~
```

### 13.3. 2 /etc/hostname

記載了私有主機名稱。即使沒有在 EC2 上設定,也會被自動設定好。

```
$ cat /etc/hostname
ip-172-31-45-84.ap-northeast-1.compute.internal
```

### 13.3. 3 /etc/hosts

記載了主機名稱和 IP 位址間的對應關係。只要在 /etc/hosts 中新增項目,便可輕易達成名稱解析的處理。

```
$ cat /etc/hosts
127.0.0.1    localhost localhost.localdomain localhost4 localhost4.localdomain4
::1          localhost6 localhost6.localdomain6
```

### 13.3. 4 /etc/sysconfig/network-scripts 目錄

此目錄中存放著網路介面的設定檔。

```
$ ls /etc/sysconfig/network-scripts
ec2net-functions   ifdown-ippp     ifdown-Team       ifup-ippp    ifup-routes    network-functions
ec2net.hotplug     ifdown-ipv6     ifdown-TeamPort   ifup-ipv6    ifup-sit       network-functions-ipv6
ifcfg-eth0         ifdown-isdn     ifdown-tunnel     ifup-isdn    ifup-Team      route-eth0
ifcfg-lo           ifdown-post     ifup              ifup-plip    ifup-TeamPort
ifdown             ifdown-ppp      ifup-aliases      ifup-plusb   ifup-tunnel
ifdown-bnep        ifdown-routes   ifup-bnep         ifup-post    ifup-wireless
ifdown-eth         ifdown-sit      ifup-eth          ifup-ppp     init.ipv6-global
```

例:ifcfg-eth0 檔

```
$ cat /etc/sysconfig/network-scripts/ifcfg-eth0
DEVICE=eth0
```

```
BOOTPROTO=dhcp
ONBOOT=yes
TYPE=Ethernet
USERCTL=yes
PEERDNS=yes
DHCPV6C=yes
DHCPV6C_OPTIONS=-nw
PERSISTENT_DHCLIENT=yes
RES_OPTIONS="timeout:2 attempts:5"
DHCP_ARP_CHECK=no
```

## 13.3.5 /etc/resolv.conf

指定了 DNS（Domain Name Service，網域名稱服務）伺服器。

```
$ cat /etc/resolv.conf
options timeout:2 attempts:5
; generated by /usr/sbin/dhclient-script
search ap-northeast-1.compute.internal
nameserver 172.31.0.2
```

## 13.3.6 /etc/nsswitch.conf

定義了名稱解析的優先規則。

```
$ cat /etc/nsswitch.conf

passwd:     sss files
shadow:     files sss
group:      sss files

#hosts:     db files nisplus nis dns
hosts:      files dns myhostname

bootparams: nisplus [NOTFOUND=return] files

ethers:     files
netmasks:   files
networks:   files
protocols:  files
rpc:        files
```

```
services:    files sss

netgroup:    nisplus sss

publickey:   nisplus

automount:   files nisplus
aliases:     files nisplus
```

其中設定了「hosts: files dns myhostname」，故會先參照 /etc/hosts，接著參照 DNS 伺服器，最後才參照自己的主機名稱。

 ## 13.4 瞭解網路相關指令

### 13.4. 1 hostnamectl

輸出主機名稱及其相關資訊。

```
$ hostnamectl
   Static hostname: ip-172-31-45-84.ap-northeast-1.compute.internal
         Icon name: computer-vm
           Chassis: vm
        Machine ID: ec2eb2a972ed3b680c44e709588d1e20
           Boot ID: e467aeeaa86240b6acb4f6e327d61d21
    Virtualization: xen
  Operating System: Amazon Linux 2
       CPE OS Name: cpe:2.3:o:amazon:amazon_linux:2
            Kernel: Linux 4.14.173-137.228.amzn2.x86_64
      Architecture: x86-64
```

若只需查看主機名稱，用 hostname 也可輸出。

```
$ hostname
ip-172-31-45-84.ap-northeast-1.compute.internal
```

在 EC2 上無法以 hostname 或 hostnamectl 輸出公有主機名稱。
但可藉由存取中繼資料（metadata）的方式來取得該名稱。

```
$ curl http://169.254.169.254/latest/meta-data/public-hostname
ec2-13-231-193-202.ap-northeast-1.compute.amazonaws.com
```

## 13.4.2 ping

對指定的主機（主機名稱或 IP 位址）傳送 ICMP 封包，然後接收回應並輸出。此指令可用於確認目標主機是否處於啟動狀態、是否可進行網路通訊。另外還可利用 -c 選項來指定次數。

未指定次數時，按 Ctrl + C 鍵便可終止。

```
$ ping -c 3 www.yamamanx.com
PING d8e1dn0tdk0fx.cloudfront.net (13.249.171.16) 56(84) bytes of data.
64 bytes from server-13-249-171-16.nrt12.r.cloudfront.net (13.249.171.16): icmp_seq=1 ttl=241 time=2.63 ms
64 bytes from server-13-249-171-16.nrt12.r.cloudfront.net (13.249.171.16): icmp_seq=2 ttl=241 time=2.80 ms
64 bytes from server-13-249-171-16.nrt12.r.cloudfront.net (13.249.171.16): icmp_seq=3 ttl=241 time=2.66 ms

--- d8e1dn0tdk0fx.cloudfront.net ping statistics ---
3 packets transmitted, 3 received, 0% packet loss, time 2002ms
rtt min/avg/max/mdev = 2.630/2.701/2.808/0.087 ms
```

## 13.4.3 traceroute

顯示封包傳送至指定主機（主機名稱或 IP 位址）為止所經過的路徑。

```
$ traceroute www.yamamanx.com
traceroute to www.yamamanx.com (13.249.171.58), 30 hops max, 60 byte packets
 1  ec2-54-150-128-31.ap-northeast-1.compute.amazonaws.com (54.150.128.31)  1.734 ms  ec2-54-150-128-29.ap-northeast-1.compute.
    amazonaws.com (54.150.128.29)  3.596 ms  ec2-54-150-128-23.ap-northeast-1.compute.amazonaws.com (54.150.128.23)  1.084 ms
 2  100.65.24.176 (100.65.24.176)  1.455 ms  100.65.24.0 (100.65.24.0)  44.730 ms  100.65.24.112 (100.65.24.112)  44.731 ms
 3  100.66.12.8 (100.66.12.8)  8.276 ms  100.66.12.40 (100.66.12.40)  8.258 ms  100.66.12.24 (100.66.12.24)  3.581ms
 4  100.66.15.228 (100.66.15.228)  14.579 ms  100.66.14.170 (100.66.14.170)  19.388 ms  100.66.15.96 (100.66.15.96)  20.254 ms
 5  100.66.6.35 (100.66.6.35)  17.910 ms  100.66.6.203 (100.66.6.203)  14.398 ms  100.66.6.103 (100.66.6.103)  20.842 ms
 6  100.66.4.35 (100.66.4.35)  19.842 ms  100.66.4.247 (100.66.4.247)  20.110 ms  100.66.4.125 (100.66.4.125)  7.616 ms
 7  100.65.8.33 (100.65.8.33)  0.321 ms  100.65.10.97 (100.65.10.97)  0.842 ms  100.65.10.225 (100.65.10.225)  0.827 ms
 8  52.95.30.221 (52.95.30.221)  3.043 ms  52.95.30.209 (52.95.30.209)  3.083 ms  3.140 ms
 9  52.95.31.125 (52.95.31.125)  6.542 ms  52.95.31.129 (52.95.31.129)  14.591 ms  52.95.31.131 (52.95.31.131)  4.333 ms
10  52.93.250.221 (52.93.250.221)  3.611 ms  52.93.250.223 (52.93.250.223)  3.604 ms  52.93.250.221 (52.93.250.221)  3.592 ms
11  100.64.50.253 (100.64.50.253)  14.002 ms  14.015 ms  14.031 ms
12  100.64.50.29 (100.64.50.29)  13.975 ms  100.64.50.31 (100.64.50.31)  13.958 ms  100.64.50.19 (100.64.50.19)  21.264 ms
13  100.64.50.254 (100.64.50.254)  5.952 ms  11.693 ms  11.677 ms
14  100.93.4.6 (100.93.4.6)  6.504 ms  100.93.4.70 (100.93.4.70)  7.437 ms  7.418 ms
15  100.93.4.5 (100.93.4.5)  6.114 ms  100.93.4.3 (100.93.4.3)  56.606 ms  100.93.4.69 (100.93.4.69)  6.088 ms
16  server-13-249-171-58.nrt12.r.cloudfront.net (13.249.171.58)  2.708 ms  2.623 ms  2.599 ms
```

Chapter 13 ／ 瞭解網路

## 13.4.4 route

輸出設定於 linux 伺服器的路由表。

```
$ route
Kernel IP routing table
Destination     Gateway            Genmask          Flags Metric Ref    Use Iface
default         ip-172-31-32-1.    0.0.0.0          UG    0      0        0 eth0
instance-data.a 0.0.0.0            255.255.255.255  UH    0      0        0 eth0
172.31.32.0     0.0.0.0            255.255.240.0    U     0      0        0 eth0
```

## 13.4.5 ifconfig

輸出設定於 linux 伺服器之私有 IP 位址的網路介面資訊。

```
$ ifconfig
eth0: flags=4163<UP,BROADCAST,RUNNING,MULTICAST>  mtu 9001
        inet 172.31.45.84  netmask 255.255.240.0  broadcast 172.31.47.255
        inet6 fe80::409:62ff:fefe:273a  prefixlen 64  scopeid 0x20<link>
        ether 06:09:62:fe:27:3a  txqueuelen 1000  (Ethernet)
        RX packets 905705  bytes 306069621 (291.8 MiB)
        RX errors 0  dropped 0  overruns 0  frame 0
        TX packets 783767  bytes 214440883 (204.5 MiB)
        TX errors 0  dropped 0 overruns 0  carrier 0  collisions 0

lo: flags=73<UP,LOOPBACK,RUNNING>  mtu 65536
        inet 127.0.0.1  netmask 255.0.0.0
        inet6 ::1  prefixlen 128  scopeid 0x10<host>
        loop  txqueuelen 1000  (Local Loopback)
        RX packets 42  bytes 10508 (10.2 KiB)
        RX errors 0  dropped 0  overruns 0  frame 0
        TX packets 42  bytes 10508 (10.2 KiB)
        TX errors 0  dropped 0 overruns 0  carrier 0  collisions 0
```

在 EC2 上無法以 ifconfig 輸出公有 IP 位址。但可藉由存取中繼資料（metadata）的方式來取得該位址。

```
$ curl http://169.254.169.254/latest/meta-data/public-ipv4
13.231.193.202
```

### 13.4.6 host

輸出指定主機（網域名稱或 IP 位址）的資訊。

```
$ host www.yamamanx.com
www.yamamanx.com is an alias for d8e1dn0tdk0fx.cloudfront.net.
d8e1dn0tdk0fx.cloudfront.net has address 13.249.171.16
d8e1dn0tdk0fx.cloudfront.net has address 13.249.171.58
d8e1dn0tdk0fx.cloudfront.net has address 13.249.171.73
d8e1dn0tdk0fx.cloudfront.net has address 13.249.171.10
```

### 13.4.7 dig

可輸出登錄於 DNS 伺服器的設定資訊。執行時若不加任何選項，便會輸出 A 記錄的資訊。

```
$ dig www.yamamanx.com

; <<>> DiG 9.11.4-P2-RedHat-9.11.4-9.P2.amzn2.0.2 <<>> www.yamamanx.com
;; global options: +cmd
;; Got answer:
;; ->>HEADER<<- opcode: QUERY, status: NOERROR, id: 5998
;; flags: qr rd ra; QUERY: 1, ANSWER: 5, AUTHORITY: 0, ADDITIONAL: 1

;; OPT PSEUDOSECTION:
; EDNS: version: 0, flags:; udp: 4096
;; QUESTION SECTION:
;www.yamamanx.com.              IN      A

;; ANSWER SECTION:
www.yamamanx.com.        60     IN      CNAME   d8e1dn0tdk0fx.cloudfront.net.
d8e1dn0tdk0fx.cloudfront.net. 60 IN     A       13.249.171.10
d8e1dn0tdk0fx.cloudfront.net. 60 IN     A       13.249.171.16
d8e1dn0tdk0fx.cloudfront.net. 60 IN     A       13.249.171.58
d8e1dn0tdk0fx.cloudfront.net. 60 IN     A       13.249.171.73

;; Query time: 15 msec
;; SERVER: 172.31.0.2#53(172.31.0.2)
;; WHEN: Wed Apr 01 19:17:33 JST 2020
;; MSG SIZE  rcvd: 151
```

依據設定內容分別運用各種不同的網路相關指令！

**MX 記錄（郵件伺服器）**

```
$ dig www.yamamanx.com mx

; <<>> DiG 9.11.4-P2-RedHat-9.11.4-9.P2.amzn2.0.2 <<>> www.yamamanx.com mx
;; global options: +cmd
;; Got answer:
;; ->>HEADER<<- opcode: QUERY, status: NOERROR, id: 17122
;; flags: qr rd ra; QUERY: 1, ANSWER: 1, AUTHORITY: 1, ADDITIONAL: 1

;; OPT PSEUDOSECTION:
; EDNS: version: 0, flags:; udp: 4096
;; QUESTION SECTION:
;www.yamamanx.com.                IN      MX

;; ANSWER SECTION:
www.yamamanx.com.        60      IN      CNAME   d8e1dn0tdk0fx.cloudfront.net.

;; AUTHORITY SECTION:
d8e1dn0tdk0fx.cloudfront.net. 60 IN    SOA    ns-1990.awsdns-56.co.uk. awsdns-hostmaster.amazon.com. 1 7200 900 1209600 86400

;; Query time: 38 msec
;; SERVER: 172.31.0.2#53(172.31.0.2)
;; WHEN: Wed Apr 01 19:18:45 JST 2020
;; MSG SIZE  rcvd: 171
```

# 13.5 VPC 流程日誌（Flow Log）

在調查通過 VPC 內部的網路通訊時，使用 VPC 流程日誌（Flow Log）相當有效。
VPC 流程日誌可讓你查看從哪個 IP 位址及連接埠到哪個 IP 位址及連接埠產生了幾次請求、
在哪裡被拒絕、在哪裡被許可等資訊。
此外還能以 VPC 為單位、以子網路為單位，或以執行個體為單來設定。

# 版本管理也用 AWS

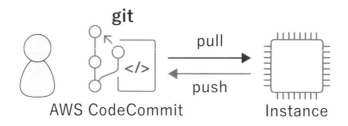

**Chapter. 14 版本管理也用 AWS**

有個版本管理系統叫 Git。這個系統能對開發工程師所更新的程式原始碼等進行版本管理、與軟體組建及部署工具協作以達成自動化、進行多人的團隊開發工作等。

不只是開發人員，其實在營運與建構方面也會用到 Git，所以接著就讓我們來學習一些基本的 Git 指令。

而將 Git 做為一種託管服務來提供的，是 **AWS CodeCommit**。

在本章中，我們就要嘗試透過 EC2 執行個體上的 Git 指令操作來使用 AWS CodeCommit。

> Git 是用來記錄、追蹤變更歷史的系統！

##  14.1 安裝 Git

首先要安裝 Git 用戶端。

```
$ sudo yum -y install git
```

##  14.2 設定操作 CodeCommit 的權限

### 14.2.1 附加 IAM 政策以賦予權限

在 EC2 執行個體上從 AWS CLI 操作 CodeCommit 的權限，要透過 IAM 角色來設定。請從管理控制台進入 IAM 的儀表板。

點選左側導覽選單中的「角色」項目,再從右方的 IAM 角色清單中點選「LinuxRole」。
接著按一下〔連接政策〕鈕。

於「篩選政策」欄位輸入「codecommit」搜尋,勾選搜尋結果中的「AWSCodeCommit
PowerUser」政策後,按一下〔連接政策〕鈕。

> 已對於 LinuxRole 連接政策 AWSCodeCommitPowerUser。　　　✖

畫面中出現已連接的訊息。

依需要將 IAM 政策附加至 IAM 角色!

Chapter 14 ╱ 版本管理也用 AWS

### 14.2. 2 設定 EC2 執行個體環境

為了以 IAM 角色使用 CodeCommit，還要進行以下的設定並設定 Git 使用者名稱。

```
$ git config --global credential.helper \
'!aws --region ap-northeast-1 codecommit credential-helper $@'
$ git config --global credential.UseHttpPath true
$ git config --global user.name "Mitsuhiro Yamashita"
```

確認設定內容。

```
$ cat ~/.gitconfig
[credential]
    helper = !aws --region ap-northeast-1 credential-helper $@
    UseHttpPath = true
[user]
        name = Mitsuhiro Yamashita
```

 ## 14.3　建立儲存庫（Repository）

在 AWS CodeCommit 上建立儲存庫。

```
$ aws codecommit create-repository \
--repository-name MyDemoRepo \
--repository-description "My demonstration repository"
```

以上指令指定了儲存庫名稱和簡介描述做為參數。

```
{
    "repositoryMetadata": {
        "repositoryName": "MyDemoRepo",
        "cloneUrlSsh": "ssh://git-codecommit.ap-northeast-1.amazonaws.com/v1/repos/MyDemoRepo",
        "lastModifiedDate": 1575181609.316,
        "repositoryDescription": "My demonstration repository",
        "cloneUrlHttp": "https://git-codecommit.ap-northeast-1.amazonaws.com/v1/repos/MyDemoRepo",
        "creationDate": 1575181609.316,
        "repositoryId": "3fc46dee-fa51-4077-8edd-57806c283d1e",
        "Arn": "arn:aws:codecommit:ap-northeast-1:123456789012:MyDemoRepo",
        "accountId": "123456789012"
    }
}
```

若成功建立完成，就會輸出如上資訊。在此我們將以 HTTPS 存取建立於 CodeCommit 的儲存庫，並在本機建立出儲存庫的副本（譯註：依翻譯期間的測試，你必須先至管理控制台的 CodeCommit 頁面，點選已建立之 MyDemoRepo 儲存庫，再點選「複製 URL」-「複製 HTTPS」，確認出現「已複製 https://git-codecommit.ap-northeast-1.amazonaws.com/v1/repos/MyDemoRepo」的訊息後，再執行以下指令）。

```
$ mkdir ~/rep
$ cd ~/rep
$ git clone https://git-codecommit.ap-northeast-1.amazonaws.com/v1/repos/
MyDemoRepo MyDemoRepo
Cloning into 'MyDemoRepo'...
warning: You appear to have cloned an empty repository.
$ ls
MyDemoRepo
$ cd MyDemoRepo
```

先建立一個測試用的讀我檔案（readme）。

```
$ vim readme.md
```

請隨意輸入一些說明此儲存庫的內容並存檔。筆者所輸入的內容如下。

```
# MyDemoRepo

此儲存庫是用於以 AWS CodeCommit 來嘗試 Git 指令。
```

將更新的內容反映至儲存庫。

```
$ git add .
$ git commit -m "write readme"
$ git push
Counting objects: 3, done.
Compressing objects: 100% (2/2), done.
Writing objects: 100% (3/3), 355 bytes | 355.00 KiB/s, done.
Total 3 (delta 0), reused 0 (delta 0)
To https://git-codecommit.ap-northeast-1.amazonaws.com/v1/repos/MyDemoRepo
 * [new branch]      master -> master
```

以上是先用 git add 登錄更新的檔案。

再用 git commit 新增遞交訊息，表示已增加 readme.md 檔。

最後用 git push 推送至遠端儲存庫（以本例來說是在 CodeCommit 上）。

到管理控制台查看，便可看到新增的 readme.md 檔。

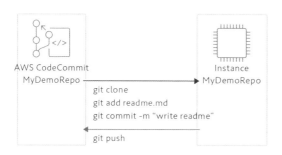

在此將剛剛進行的操作整理如下。

（1）在 CodeCommit 上建立名為 MyDemoRepo 的儲存庫。

（2）在 EC2 執行個體上執行 git clone 指令，在本機建立出該儲存庫的副本。

（3）建立 readme.md 檔。

（4）用 git add 指令將 readme.md 新增為管理對象。

（5）用 git commit 指令確認已登錄且新增 readme.md。

（6）用 git push 指令將新增的 readme.md 反映至 CodeCommit 的儲存庫。

##  14.4 使用 Git 指令

我們已試過 git clone、git add、git commit 和 git push 指令，而此節將進一步解說這些及其他相關的 git 指令。

### 14.4.1 git clone

建立儲存庫的副本。要將建立在 CodeCommit 上的儲存庫複製到本機時，便可使用此指令。

```
$ git clone <CodeCommit 的儲存庫> <複製目的地>
```

若省略複製目的地的目錄，則會建立在目前所在目錄下。

### 14.4.2 git add

將檔案新增為 git 的管理對象。

```
$ git add <檔名>
```

檔名的部分可指定「.」，代表「目前所在目錄下所有新增及變更的檔案」。
此外也可用「*」來代替部分檔名。

還可以加上 --dry-run 選項來確認到底新增了哪些檔案。

```
$ git add --dry-run .
```

### 14.4.3 git commit

將變更遞交至 git 儲存庫。可用 -m 選項附加訊息，而你可在此訊息中說明變更的理由。

在 CodeCommit 儲存庫之「認可」畫面的「認可訊息」欄中，便能看到此訊息。
由於只要按下「瀏覽」便能查看檔案內容，故通常不是將「變更了什麼」寫在此訊息中，而
是會將「變更的理由」或「變更摘要」寫入。

## 14.4. 4 git push

將遞交的內容推送至 git 儲存庫。

```
$ git push
```

所推送的目標儲存庫是預設的遠端儲存庫。而你可用 git remote 來查看預設的遠端儲存庫是哪個。

## 14.4. 5 git pull

從遠端儲存庫將更新下載至本機。

```
$ git pull
```

## 14.4. 6 git branch

這是用來建立分支（分支專案）的指令。通常用於劃分不同版本的時候，例如劃分發行用版本和開發用版本時。要建立新的分支時，需指定分支名稱。

```
$ git branch <分支名稱>
```

接著就來建立名為 develop 的分支試試。

```
$ git branch develop
$ git branch
  develop
* master
```

執行 branch 指令並指定分支名稱，即可建立出新的分支。
若是不指定參數直接執行 branch 指令，則會輸出分支清單。
帶有「*」符號的分支是目前所在分支。

## 14.4. 7 git checkout

要切換分支時，就使用 checkout 指令。

```
$ git checkout ＜分支名稱＞
```

例如以下便是切換至剛剛建立的分支 develop。

```
$ git checkout develop
Switched to branch 'develop'
$ git branch
* develop
  master
```

變成是 develop 帶有「＊」符號。這樣就能在不影響 master 分支的狀態下進行變更。

```
$ git checkout -b ＜分支名稱＞
```

執行時若加上 -b 選項，就能一舉完成建立分支並切換至新分支的動作。

```
$ git checkout -b lab
Switched to a new branch 'lab'
$ git branch
  develop
* lab
  master
```

 ## 14.5 使用提取請求（Pull Request）

當團隊運用 git 儲存庫進行開發工作時，讓每個人都擅自遞交檔案的方式也可能並不理想。
我認為絕大多數時候都會想要先審核變更過的程式碼，再決定是否把它當成新版本。而提取請求（Pull Request）就是用來審核程式碼並使之反映出來的功能。接著便為各位說明建立分支、於分支進行變更，然後再以提取請求將之反映至 master 的流程。
我們要在剛剛建立的 develop 分支進行變更，然後把它反映至 master 分支。

所謂的提取請求，就像是「要不要把○○換成△△？」的編輯請求！

```
$ git checkout develop
```

先切換至 develop 分支。

接著用 vim 指令在 readme.md 檔案中新增「已於 develop 分支更新。」這行文字後，執行以下指令。

```
$ git add .
$ git commit -m " 提取請求測試 "
$ git push --set-upstream origin develop
```

如上，在執行 push 指令時還加上了 --set-upstream 選項。這是因為遠端儲存庫還不存在 develop 分支，故要在遠端儲存庫上建立 develop 分支並推送（push）。

```
Counting objects: 3, done.
Compressing objects: 100% (2/2), done.
Writing objects: 100% (3/3), 354 bytes | 354.00 KiB/s, done.
Total 3 (delta 1), reused 0 (delta 0)
To https://git-codecommit.ap-northeast-1.amazonaws.com/v1/repos/MyDemoRepo
 * [new branch]      develop -> develop
Branch 'develop' set up to track remote branch 'develop' from 'origin'.
```

至管理控制台查看 CodeCommit，便會看到 develop 分支已建立。

目前變更只反映在 develop 分支中，我們要讓此變更也反映至 master。
接下來我們會一邊執行 CLI 指令，一邊於管理控制台的頁面查看執行結果。
如下，請用 CLI 指令建立提取請求。

```
$ aws codecommit create-pull-request \
--title "My Pull Request" \
--description " 請在 12/15 前完成審核。" \
--targets repositoryName=MyDemoRepo,sourceReference=develop
```

若收到如下的回應，就表示已成功建立。

```
{
    "pullRequest": {
        "authorArn": "arn:aws:sts::123456789012:assumed-role/LinuxRole/i-0aae4ecd6e997c545",
        "description": " 請在 12/15 前完成審核。",
        "title": "My Pull Request",
        "pullRequestTargets": [
            {
                "repositoryName": "MyDemoRepo",
                "mergeBase": "57fd0dab21bba4112dfaca0a224175e78ae5e011",
                "destinationCommit": "57fd0dab21bba4112dfaca0a224175e78ae5e011",
                "sourceReference": "refs/heads/develop",
                "sourceCommit": "9926c1ffd69d808fec9551cca67fecf80b19d5d1",
                "destinationReference": "refs/heads/master",
                "mergeMetadata": {
                    "isMerged": false
                }
            }
        ],
        "lastActivityDate": 1576363334.082,
        "pullRequestId": "1",
        "clientRequestToken": "56527b0b-d9c6-4137-b93e-e261d993fbdc",
        "pullRequestStatus": "OPEN",
        "creationDate": 1576363334.082
    }
}
```

Chapter 14 ／ 版本管理也用 AWS

至管理控制台查看，便會看到已建立出 1 個提取請求。

按一下該提取請求的連結文字以進入詳細頁面，就能在「詳細資訊」索引標籤中看到剛剛遞交的訊息。

切換至「變更」索引標籤，即可查看到底變更了哪些內容。

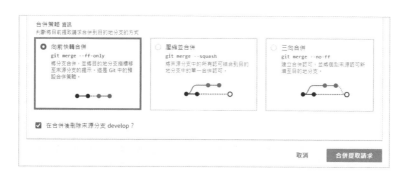

按一下右上角的〔合併〕鈕，便會顯示出 3 種合併策略。

在此我們用 CLI 執行「向前快轉合併」（譯註：請注意，source-commit-id 參數應指定為你剛剛建立提取請求時系統傳回給你的 sourceCommit 號碼）。

```
$ aws codecommit merge-pull-request-by-fast-forward \
--pull-request-id 1 \
--source-commit-id 9926c1ffd69d808fec9551cca67fecf80b19d5d1 \
--repository-name MyDemoRepo
```

若收到如下的回應，就表示已成功合併。

```
{
    "pullRequest": {
        "authorArn": "arn:aws:sts::123456789012:assumed-role/LinuxRole/i-0aae4ecd6e997c545",
        "description": "請在 12/15 前完成審核。",
        "title": "My Pull Request",
        "pullRequestTargets": [
            {
                "repositoryName": "MyDemoRepo",
                "mergeBase": "57fd0dab21bba4112dfaca0a224175e78ae5e011",
                "destinationCommit": "57fd0dab21bba4112dfaca0a224175e78ae5e011",
                "sourceReference": "refs/heads/develop",
                "sourceCommit": "9926c1ffd69d808fec9551cca67fecf80b19d5d1",
                "destinationReference": "refs/heads/master",
                "mergeMetadata": {
                    "isMerged": true,
                    "mergedBy": "arn:aws:sts::710072465363:assumed-role/LinuxRole/i-0aae4ecd6e997c545"
                }
            }
        ],
        "lastActivityDate": 1576365470.989,
        "pullRequestId": "1",
        "clientRequestToken": "56527b0b-d9c6-4137-b93e-e261d993fbdc",
        "pullRequestStatus": "CLOSED",
        "creationDate": 1576363334.082
    }
}
```

Chapter 14 / 版本管理也用 AWS

至管理控制台查看，便會看到其「狀態」欄顯示為「已合併」。

開發人員工具 > CodeCommit > 儲存庫 > MyDemoRepo

## MyDemoRepo   [ 🔔 通知 ▼ ]  [ master ▼ ]  [ 建立提取請求 ]  [ 複製 URL ▼ ]

**MyDemoRepo** 資訊   [ 新增檔案 ▼ ]

名稱

🗋　readme.md

**readme.md**   [ 檢視來源 ]  [ 編輯 ]

# MyDemoRepo

此git儲存庫是用於以AWS CodeCommit來嘗試Git指令。

已於develop分支更新。

可看到 master 分支也已反映出變更。

> 不必建構 Git 伺服器，也能在 CodeCommit 簡單
> 快速地開始版本管理！本書也是用 CodeCommit
> 來管理稿件呢！

# 建立容器環境

# 建立容器環境

docker run
docker pull
docker build
docker push

容器是將作業系統虛擬化的方法之一，可將執行環境及依存性、原始碼、設定資訊等分別套件化。如此一來，便能夠在各種環境中都同樣快速、有效率地執行程序。

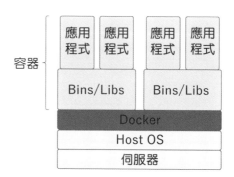

容器與 VM（Virtual Machine）最大的區別在於沒有 Hypervisor。只要是安裝了 Docker 的環境，都同樣能夠啟動。由於 OS 是共用的，因此不需等待 OS 先啟動，就能迅速於數秒內啟動完成。而且不只是 OS，Bin/Lib 也可依需要共用。

這樣就能夠毫無浪費地、有效率地使用伺服器。

在本章中，我們就要來學習一下 Docker 容器並嘗試其主要指令。

## 15.1 安裝 Docker

```
$ sudo yum install -y docker
```

如上使用 yum 指令便可安裝 Docker。

```
$ docker -v
Docker version 18.09.9-ce, build 039a7df
```

安裝完成。若是直接執行 docker，不指定任何參數、選項，則會輸出所有可執行的指令。

```
$ docker

Usage:  docker [OPTIONS] COMMAND

A self-sufficient runtime for containers

Options:
      --config string      Location of client config files (default "/home/ssm-user/.docker")
  -D, --debug              Enable debug mode
  -H, --host list          Daemon socket(s) to connect to
  -l, --log-level string   Set the logging level ("debug"|"info"|"warn"|"error"|"fatal") (default "info")
      --tls                Use TLS; implied by --tlsverify
      --tlscacert string   Trust certs signed only by this CA (default "/home/ssm-user/.docker/ca.pem")
      --tlscert string     Path to TLS certificate file (default "/home/ssm-user/.docker/cert.pem")
      --tlskey string      Path to TLS key file (default "/home/ssm-user/.docker/key.pem")
      --tlsverify          Use TLS and verify the remote
  -v, --version            Print version information and quit

Management Commands:
  builder     Manage builds
  config      Manage Docker configs
  container   Manage containers
  engine      Manage the docker engine
  image       Manage images
  network     Manage networks
  node        Manage Swarm nodes
  plugin      Manage plugins

~ 中略 ~

  volume      Manage volumes

Commands:
  attach      Attach local standard input, output, and error streams to a running container
  build       Build an image from a Dockerfile

~ 中略 ~

  wait        Block until one or more containers stop, then print their exit codes

Run 'docker COMMAND --help' for more information on a command.
```

首先將 Docker 服務啟動好。

```
$ sudo service docker start
```

 ## 15.2 建立 Docker 映像檔

現在要建立啟動 Web 伺服器的 Docker 映像檔。先以任意內容建立一個 index.html 檔,在此筆者是寫入了「First Container」這行字做為內容。
而若系統中不存在 work 目錄,請先以 mkdir ~/work 指令建立後,再進行後續操作。

所謂的映像檔,就是執行容器所需的檔案!

```
$ cd ~/work
$ mkdir docker-test
$ cd docker-test
$ vim index.html
```

接著建立 dockerfile。dockerfile 是描述了容器之內容結構資訊的檔案。

```
$ vim dockerfile
```

```
FROM ubuntu

apt-get install -y tzdata && \
RUN apt-get update -y && \
apt-get install -y apache2

COPY index.html /var/www/html/
EXPOSE 80
CMD ["apachectl", "-D", "FOREGROUND"]
```

於 dockerfile 檔中輸入以上內容並存檔。其中將 OS 指定為 ubuntu。
然後安裝 Apache Web 伺服器、把 index.html 複製到根目錄,再啟動 Web 伺服器。讓我們立刻組建看看。

```
$ sudo docker build -t docker-test .
```

```
Sending build context to Docker daemon  3.072kB
Step 1/5 : FROM ubuntu
latest: Pulling from library/ubuntu

~ 中略 ~

Successfully built 5da9940b097b
Successfully tagged docker-test:latest
```

Docker 映像檔的準備至此完成。你可用 images 指令查看映像檔。

```
$ sudo docker images
REPOSITORY          TAG                 IMAGE ID            CREATED             SIZE
docker-test         latest              5da9940b097b        59 seconds ago      188MB
<none>              <none>              67f9ed3d7720        About an hour ago   503MB
ubuntu              latest              775349758637        6 weeks ago         64.2MB
```

 ## 15.3 執行 Docker 容器

從 Docker 映像檔啟動容器。

```
$ sudo docker run --name docker-test -d -p 80:80 docker-test
```

加上 -d 選項，便能維持啟動狀態。

且啟動時，是將容器的 80 號連接埠對應至執行個體。

先至管理控制台，確認 EC2 的安全群組允許 80 號連接埠連線，再用瀏覽器查看其公有 IP 位址。這時應可成功於瀏覽器中看到先前建立的 index.html 檔內容（以本例來說就是「First Container」這行字），代表容器的 Web 伺服器正在運作中。

以下則用指令來查看正在執行中的容器。

```
$ sudo docker ps -a
CONTAINER ID   IMAGE         COMMAND                CREATED        STATUS         PORTS                 NAMES
c113edcdc3ad   docker-test   "apachectl -D FOREGR…" 5 minutes ago  Up 5 minutes   0.0.0.0:80->80/tcp    docker-test
```

## 15.4 操作 Docker 容器的指令

我們可用 docker exec 指令來執行容器內的指令。
藉由執行 bash，便能進入容器的 bash 提示。

```
$ sudo docker exec -i -t docker-test /bin/bash
root@c113edcdc3ad:/#
```

```
# cat /var/www/html/index.html
First Container
```

由上可知，index.html 確實已被成功複製到 /var/www/html 目錄中。
而執行 exit 指令即可離開 bash 提示。

### 停止容器

```
$ sudo docker stop docker-test
```

其中「docker-test」的部分，也可指定容器 ID（以筆者例子來說就是「c113edcdc3ad」，
或是 ID 的起頭部分「c1」，甚至是「c」也行，只要足以在此環境下判別即可。
若要恢復運作，則執行 docker start。

### 刪除容器

```
$ sudo docker stop docker-test
$ sudo docker rm docker-test
```

以上是將容器停止後，用 docker rm 指令把它刪除。
而欲刪除映像檔時，則使用 docker rmi 指令。

利用 Docker 輕鬆快速地建構環境！

Chapter

# 16

操作資料庫

## Chapter. 16 操作資料庫

從下一章開始,我們便要嘗試 OSS(Open Source Software,開放原始碼軟體)的建構。
而為了方便各個 OSS 使用,首先要建構好資料庫伺服器。

在此,我們將使用 Amazon RDS(Relational Database Server) for MySQL 來輕鬆啟動資料庫伺服器。而啟動後,還要嘗試從 EC2 執行 MySQL 指令,進行連線測試。

對於 RDS 的設定,本章採取可輕鬆完成的簡易設定方式。
但在建構正式的營運環境時,請務必遵循組織的安全政策及最佳做法。

> 讓我們先替下一章要建立的網站準備好資料庫!

### 16.1 啟動 Amazon RDS for MySQL

於管理控制台,和 EC2 一樣,將地區指定為亞太地區(東京)。
再利用搜尋服務欄位搜尋「rds」,找到並進入 RDS 的儀表板。

按一下〔Create database〕（建立資料庫）鈕。

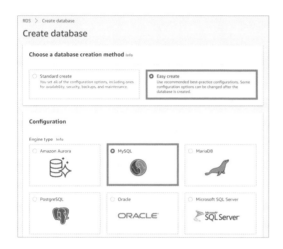

在 Choose a database creation method（選擇資料庫的建立方式）部分選擇「Easy create」（輕鬆建立）。在設定的 Engine type（引擎類型）部分選擇「MySQL」。

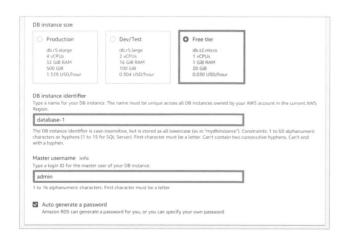

DB instance size（資料庫的執行個體大小）選為「Free tier」（免費方案）的 db.t2.micro。DB instance identifier（資料庫執行個體識別符）、Master username（主要使用者名稱）都留用預設值，然後勾選「Auto generate a password」（自動產生密碼）項目。

Chapter 16 ／ 操作資料庫

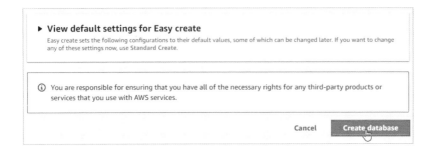

按一下最下方的〔Create database〕（建立資料庫）鈕。

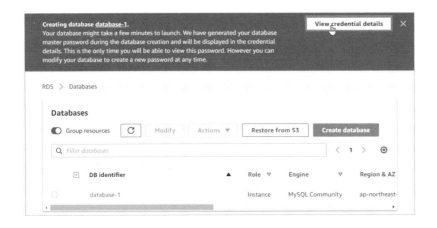

系統便開始建立資料庫。由於我們選擇由系統自動產生主要使用者的密碼，故接著按一下〔View credential details〕（檢視登入資料詳細資訊）鈕以查看自動產生的密碼。

請將自動產生的密碼複製並貼入文字編輯器等軟體中，存檔保存。

而在等待資料庫建立完成的這段時間，讓我們先進行安全群組的設定。

完全不用顧慮 OS 的部分，就這樣建立出了資料庫呢！

## 16.2 建立 Amazon RDS 執行個體的安全群組

進入 EC2 儀表板，點選左側導覽選單中的「安全群組」項目。

先將既有的 linux-sg（於第 3 章啟動 Amazon Linux 2 之 EC2 執行個體時建立的安全群組）的安全群組 ID 複製起來。

然後按一下右方內容上端的〔建立安全群組〕鈕。

把「安全群組名稱」設為「dbsg」，於「描述」欄位輸入「for db」。這些欄位都可自行設定任意值。「VPC」則選擇和 EC2 一樣的預設 VCP。

在「傳入規則」部分按一下〔新增規則〕鈕，將「類型」選為「MySQL/Aurora」，則「連接埠範圍」就會被自動設為 3306。

接著將「來源類型」選為「自訂」，再把剛剛複製的 linux-sg 安全群組 ID 貼入「來源」欄位。

按一下頁面最下方的〔建立安全群組〕鈕。

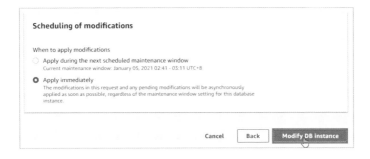

回到 RDS 儀表板，選擇「database-1」，按一下〔Modify〕（修改）鈕。

往下捲動至「Connectivity」（連線）部分，按一下「Security group」（安全群組）欄位中「Default」旁的「×」圖示將之刪除，改為選擇剛剛建立好的「dbsg」。

捲動至頁面底部，按一下〔Continue〕（繼續）鈕。

在「Summary of modifications」（修改摘要）部分確認是要將「Security group」（安全群組）從「default」改為「dbsg」。

在「Scheduling of modifications」（修改時程）部分選擇「Apply immediately」（立刻套用）。

最後按一下〔Modify DB instance〕（修改資料庫執行個體）鈕。

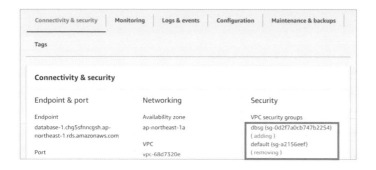

回頭查看 RDS 執行個體的詳細資訊，會看到安全群組的 default 正在 removing（刪除中），
而 dbsg 正在 adding（新增中）。

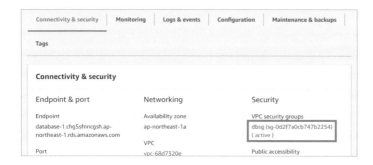

幾分鐘後，修改完成，dbsg 就會顯示為「active」（啟用）。請將此資料庫的 Endpoint（端
點）複製起來。

連接 RDS 時，會需要資料庫的端點、主要使用者名稱（admin），以及主要使用者的密碼。
因此請複製並貼入記事本等文字編輯器並存檔保存。

 **16.3　從 EC2 連接 RDS**

首先要在 EC2 上安裝 MySQL 用戶端。讓我們用 Session Manager 連線以進行安裝。

```
$ sudo yum -y install mysql
```

執行以上指令便會安裝由 MySQL 衍生的、名為 mariadb 的 OSS 用戶端軟體，在此我們想
用的指令它都具備，基本上不會有問題。

待安裝完成出現 Complete 訊息後，就來嘗試連接 RDS（譯註：請注意，-p 和密碼之間不
插入空格）。

```
$ mysql -h〈資料庫的端點〉 -u admin -p〈主要使用者的密碼〉
```

```
Welcome to the MariaDB monitor.
Your MySQL connection id is 14
Server version: 5.7.22-log Source distribution

Copyright (c) 2000, 2018, Oracle, MariaDB Corporation Ab and others.
```

若顯示出如上內容,就表示連線成功。

接著執行 show databases 試試。

```
MySQL [(none)]> show databases;
+--------------------+
| Database           |
+--------------------+
| information_schema |
| innodb             |
| mysql              |
| performance_schema |
| sys                |
+--------------------+
5 rows in set (0.00 sec)
```

顯示出了 RDS for MySQL 在初始狀態下的幾個資料庫。而從下一章起,我們就要試著利用這個 RDS 執行個體進行 OSS 伺服器的建構。

```
MySQL [(none)]> exit
Bye
```

執行 exit 指令即可退出。

接下來就要建立網站囉!

# 建構 WordPress 伺服器

# Chapter. 17 建構 WordPress 伺服器

在此我們將安裝名為 WordPress 的部落格 OSS，嘗試建構部落格伺服器。其中資料庫的部分將利用第 16 章建立好的 Amazon RDS。而 Web 伺服器則是使用新的 EC2 執行個體，並以啟動 Amazon Linux 2 為前提進行解說。

請參照第 3 章的說明啟動 Amazon Linux 2。

此外還要將安全群組設為允許 80 號連接埠連線。

##  17.1 WordPress 的架構

以 AWS 的最佳做法來說，最好是使用多個所謂的可用區域，亦即採用多個專為隔離故障設計之資料中心群組，以形成高可用性架構。

下圖便是高可用性的架構設計。

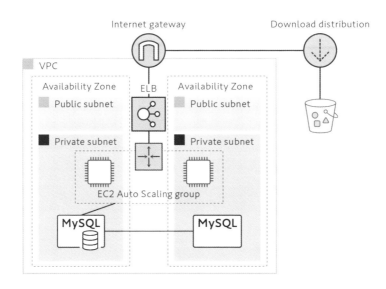

在此我們會盡量於免費方案的範圍內進行建構並測試，故將採取如下圖的設計結構。

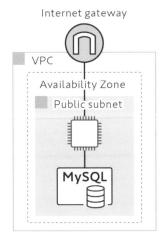

 ## 17.2 安裝 WordPress

請於啟動新的 EC2 執行個體後,依序執行如下指令。

```
$ sudo yum -y update
```

首先更新套件。

```
$ sudo amazon-linux-extras install php7.2 -y
$ sudo yum -y install mysql httpd
```

然後用 amazon-linux-extras 指令安裝 PHP7.2,再用 yum 指令安裝 Apache Web 伺服器和
MySQL 用戶端。

```
$ sudo chkconfig httpd on
$ sudo service httpd start
```

進行啟用設定,讓 OS 在啟動時也同步啟動 Apache Web 伺服器,接著啟動 Apache Web
伺服器服務。

```
$ cd
$ wget http://ja.wordpress.org/latest-zh_TW.tar.gz ~/
$ tar zxvf ~/latest-zh_TW.tar.gz
$ sudo cp -r ~/wordpress/* /var/www/html/
$ sudo chown apache:apache -R /var/www/html
```

移至主目錄，以 wget 指令下載 WordPress 最新版的壓縮檔，並解開。

將解開的資料夾複製到 Web 伺服器的根目錄，再將其擁有者改為執行 Web 伺服器的 apache 使用者。

 ## 17.3　準備資料庫

```
$ mysql -h ＜資料庫的端點＞ -u admin -p＜主要使用者的密碼＞
```

連接 RDS 執行個體的 MySQL 資料庫伺服器。請使用第 16 章建立的執行個體資訊來連線。

```
MySQL [(none)]>create database wordpress;
Query OK, 1 row affected (0.00 sec)
```

建立名稱為 wordpress 的資料庫。

```
MySQL [(none)]> quit
Bye
```

用 quit 指令退出。

 ## 17.4　設定 WordPress

用瀏覽器連至 EC2 執行個體的公有 IPv4 地址。

歡迎使用 WordPress，在開始安裝前，安裝程式必須取得資料庫的相關資訊；而進行安裝時，安裝人員必須能夠提供安裝程式下列資訊。

1. 資料庫名稱
2. 資料庫使用者名稱
3. 資料庫密碼
4. 資料庫主機位址
5. 資料表前置碼 (用於在單一資料庫中安裝多個 WordPress)

安裝程式會將這些資訊用於建立 wp-config.php 檔案。如果因故轉致無法自動建立檔案，請不必擔心，這時只需要將資料庫相關資訊填入網站組態檔案中即可。安裝人員也可以在文字編輯器中開啟 wp-config-sample.php 並填寫必要的資訊，然後將檔案另存為 wp-config.php，如需進一步的協助，請參閱這份文件。

在多數的狀況中，這些資訊應由網站主機服務商提供，如果安裝人員並未獲得這些資訊，請在繼續安裝前先行聯絡廠商。當一切準備就緒後...

開始安裝吧！

待顯示出如上畫面後，按一下〔開始安裝吧！〕鈕。

「使用者名稱」、「密碼」部分請輸入第 16 章建立之 RDS 執行個體的主要使用者名稱及密碼。

而「資料庫主機位址」則輸入 RDS 執行個體的端點。按一下〔傳送〕鈕。

按一下〔執行安裝程式〕鈕。

任意輸入自訂的網站標題。

使用者名稱也可任意自訂，在此為方便，設為「admin」。

密碼會自動產生，請複製並貼入記事本等文字編輯器並存檔保存。

還要輸入電子郵件地址。

本例只是用於測試，故勾選「阻擋搜尋引擎索引這個網站」項目。

最後按一下〔安裝 WordPress〕鈕。

WordPress 安裝完成。

請按一下〔登入〕鈕。

##  17.5 測試 WordPress

用設定 WordPress 時輸入的使用者名稱和密碼登入。

點選「文章」-「全部文章」後，可看見已有內容標題為「網站第一篇文章」的文章存在，故
將滑鼠移至該標題處，按一下其中的「編輯」連結文字。

這時會顯示出範例文章的編輯畫面。按一下歡迎對話方塊的右上角即可將之關閉。

按一下左上角的加號鈕,點選其中的圖片圖示。

這樣就會在畫面中插入圖片方塊,以便你上傳合適的圖片。

Chapter 17 / 建構 WordPress 伺服器

按一下右上角的〔更新〕鈕後，按一下旁邊的「設定」（齒輪圖示）鈕，再於「文章」索引標籤內，點開「永久連結」項目，按一下「檢視文章」連結文字。

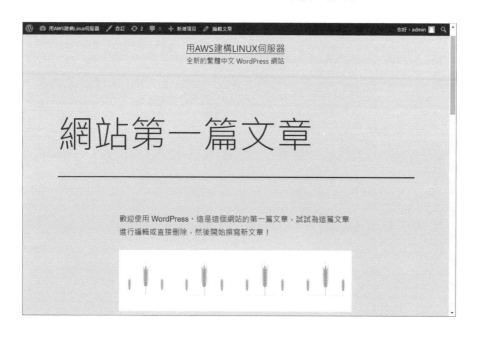

這樣就能查看此篇文章。

# 建構 Redmine 伺服器

# Chapter. 18　建構 Redmine 伺服器

在本章中，我們要嘗試建構 ITS（Issue Tracking System 問題追蹤管理系統）的 OSS Redmine 伺服器。其中資料庫的部分將利用第 16 章建立好的 Amazon RDS。

而 Web 伺服器則是使用新的 EC2 執行個體，並以啟動 Amazon Linux 2 為前提進行解說。請參照第 3 章的說明啟動 Amazon Linux 2。此外還要將安全群組設為允許 80 號連接埠連線。

另外，由於這次我們要用 ec2-user 登入並進行安裝，故也請將安全群組設成許可「來源類型」為「我的 IP」的 SSH 22 號連接埠連線。

筆者是以 2019 年 12 月時的環境進行建構測試。環境及模組一旦有所改變，就有可能必須增加其他的操作步驟。

即使安裝過程中發生錯誤，也請務必上網搜尋錯誤訊息以找出解決方法，或是到網路上的相關社群、討論區尋找資訊，好好挑戰此建構作業。

　**18.1**　**Redmine 伺服器的架構**

以 AWS 的最佳做法來說，最好是使用多個可用區域，以形成高可用性架構。下圖便是高可用性的架構設計。

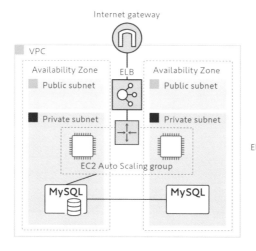

在此我們會盡量於免費方案的範圍內進行建構並測試，故將採取如下圖的設計結構。

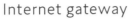

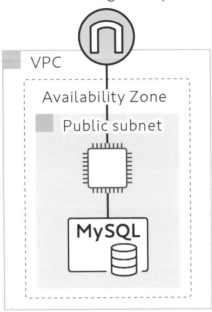

 ## 18.2 建立 Redmine 用的資料庫

```
$ mysql -h <資料庫的端點> -u admin -p<主要使用者的密碼>
```

連接 RDS 執行個體的 MySQL 資料庫伺服器。
請使用第 16 章建立的執行個體資訊來連線。

```
MySQL [(none)]>create database redmine default character set utf8;
Query OK, 1 row affected (0.00 sec)
```

建立名稱為 redmine 的資料庫。

```
MySQL [(none)]> quit
Bye
```

用 quit 指令退出。

請一邊回想曾出現在先前各章中的指令，一邊執行安裝操作！

```
$ sudo yum -y update
$ sudo yum -y groupinstall "Development Tools"
$ sudo yum -y install openssl-devel readline-devel zlib-devel curl-devel libyaml-devel libffi-devel
$ sudo yum -y install mysql mysql-devel
$ sudo yum -y install httpd httpd-devel
$ sudo yum -y install ImageMagick ImageMagick-devel ipa-pgothic-fonts
$ sudo amazon-linux-extras install ruby2.4 -y
$ sudo yum -y install ruby-devel
```

如上安裝所需之必備模組。其中 ruby2.4 是用 amazon-linux-extras 指令來安裝。逐一執行各指令並看到完成訊息出現，即表示安裝成功。

```
$ sudo svn co https://svn.redmine.org/redmine/branches/4.1-stable /var/lib/redmine
```

由於 Redmine 以 Subversion 為其官方版本管理軟體，故如上以 svn 指令進行安裝。

```
Error validating server certificate for 'https://svn.redmine.org:443':
 - The certificate has an unknown error.
Certificate information:
 - Hostname: svn.redmine.org
 - Valid: from Wed, 08 Jan 2020 00:00:00 GMT until Sat, 08 Jan 2022 23:59:59 GMT
 - Issuer: Gandi, Paris, Paris, FR
 - Fingerprint: 43:82:9e:5d:66:7e:a1:75:c5:ed:66:9a:bf:33:f3:59:6a:e5:ac:93
(R)eject or accept (t)emporarily? t
```

第一次連線會顯示確認訊息，請輸入「t」表示暫時接受以繼續安裝。
待顯示出「Checked out revision ~~~」訊息，即表示安裝完成。

```
$ cd /var/lib
$ sudo chown -R ec2-user:apache redmine
$ cd redmine
```

稍後我們要在剛剛建立的 /var/lib/redmine 目錄下進行操作，而在此先將 ec2-user 和 apache 群組變更為該目錄的擁有者及群組。

```
$ sudo vim /var/lib/redmine/config/database.yml
```

建立供 Redmine 使用的資料庫設定檔。

```
production:
  adapter: mysql2
  database: redmine
  host: <RDS 的端點 >
  username: admin
  password: < 主要使用者的密碼 >
  encoding: utf8
```

如上於資料庫設定檔中寫入連線資訊，以便連接先前我們建立好的資料庫。

```
$ sudo vim /var/lib/redmine/config/configuration.yml
```

接著再建立 Redmine 的設定檔。

```
production:
  email_delivery:
    delivery_method: :smtp
    smtp_settings:
      address: "localhost"
      port: 25
      domain: "example.com"

  rmagick_font_path: /usr/share/fonts/ipa-pgothic/ipagp.ttf
```

如上，由於本例並未設置郵件伺服器，故在此將之指定為預設的 localhost。

```
$ gem install bundler --no-rdoc --no-ri
Fetching: bundler-2.0.2.gem (100%)
Successfully installed bundler-2.0.2
```

安裝 bundler。待輸出「1 gem installed」即表示安裝完成。

```
$ bundle install --without development test --path vendor/bundle
```

安裝所需之模組。

待輸出「Bundle complete! xx Gemfile dependencies, xx gems now installed.」（並非最後一行）即表示安裝完成。

一旦必備套件有缺漏，這時往往就會出現錯誤。若出現錯誤，請確認錯誤訊息的內容，將所需之套件都安裝好後，再重新執行此安裝。

```
$ RAILS_ENV=production bundle exec rake db:migrate
```

在資料庫中建立資料表等必要結構。這時會輸出許多日誌記錄，若無錯誤訊息，就表示建立完成。

進行建構驗證時輸出的最後一行是

「== 20190620135549 ChangeRolesNameLimit: migrated (0.0299s) =」。

```
$ RAILS_ENV=production REDMINE_LANG=zh-TW bundle exec rake redmine:load_default_data
```

設定初始資料。

待輸出「Default configuration data loaded.」即表示設定完成。

```
$ gem install passenger -v 5.1.12 --no-rdoc --no-ri
$ passenger-install-apache2-module --auto --languages ruby
```

安裝 passenger。這需要花很長時間。

雖然會輸出警告訊息，但不影響 Redmine 的運作。

```
$ passenger-install-apache2-module --snippet
```

以上指令會於安裝 passenger 後，顯示出寫在 Web 伺服器設定檔中的內容。

請將所輸出之類似如下的設定資訊複製起來。

```
LoadModule passenger_module /home/ec2-user/.gem/ruby/gems/passenger-5.1.12/buildout/apache2/mod_passenger.so
<IfModule mod_passenger.c>
```

```
    PassengerRoot /home/ec2-user/.gem/ruby/gems/passenger-5.1.12
    PassengerDefaultRuby /usr/bin/ruby
</IfModule>
```

接下來建立設定檔,並寫入內容。

```
$ sudo vim /etc/httpd/conf.d/redmine.conf
```

除了將剛剛複製的部分(從 LoadModule 開始的整段設定資訊)整個貼入外,還要在前面加上目錄的權限資訊。

```
<Directory "/var/lib/redmine/public">
  Require all granted
</Directory>

LoadModule passenger_module /home/ec2-user/.gem/ruby/gems/passenger-5.1.12/buildout/apache2/mod_passenger.so
<IfModule mod_passenger.c>
  PassengerRoot /home/ec2-user/.gem/ruby/gems/passenger-5.1.12
  PassengerDefaultRuby /usr/bin/ruby
</IfModule>
```

將設定檔存檔後關閉。

```
$ sudo vim /etc/httpd/conf/httpd.conf
```

如上開啟檔案後,找出其中以 DocumentRoot 起頭的那行,將之指定為安裝了 Redmine 的目錄。

```
DocumentRoot "/var/lib/redmine/public"
```

存檔後關閉。

```
$ sudo chkconfig httpd on
$ sudo service httpd start
```

啟用 Web 伺服器的自動啟動功能,然後啟動 Web 伺服器。
複製 EC2 執行個體的公有 IP 位址後,貼入瀏覽器的網址列以確認該伺服器是否正常運作。

Chapter 18 / 建構 Redmine 伺服器

**18.4** 確認 Redmine 已開始運作

按一下右上角的〔登入〕鈕。

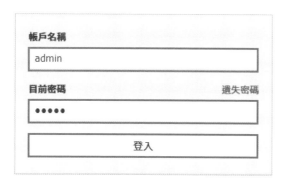

於初始狀態下，可使用 admin 使用者，並以 admin 為密碼登入。

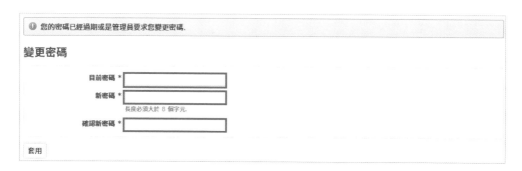

自行設定新密碼後，初始設定就算是完成了。

關於 Redmine 的使用方法，許多網路社群及討論區都有人分享資訊，故請上網搜尋並自行
多多嘗試。

# 進一步瞭解 EC2
# 執行個體

# Chapter.19 建構 Redmine 伺服器

本章將解說使用 EC2 執行個體時最好能瞭解的各種資訊。

- 購買選項
- 執行個體類型
- 啟動範本
- 限制
- 淘汰
- Amazon Time Sync Service/TimeZone

- 故障診斷
- MATE 桌面環境
- 本地化
- 郵件管理
- 印表機管理

 ## 19.1 瞭解購買選項

EC2 有好幾種可依需求選擇的購買選項。

| 購買選項 | 概要 |
|---|---|
| 隨需執行個體 | 系統會對所啟動的執行個體，以秒為單位、以小時為單位計費。未特別選擇其他選項時，便視為隨需執行個體。能在需要時想用多少就用多少，而不再需要時就停止使用。 |
| Savings Plans | 藉由在 1～3 年的期間內，將以 1 小時為單位的費用維持在一定使用量的方式來降低成本。 |
| 預留執行個體 | 藉由在 1～3 年的期間內，維持一定的執行個體設定（包括執行個體類型及地區等）以降低成本。可透過預訂並購買使用權的方式來利用。還能套用至你所使用的多個帳戶的合計量。 |
| 排程執行個體 | 購買可在 1 年期間內隨時用於指定之定期排程的執行個體。亦即可藉由事先設定好排程的方式來降低成本。 |
| 競價型執行個體（Spot 執行個體） | 以可用區域為單位，請求使用未使用的 EC2 執行個體，藉由以 Spot 價格使用的方式來大幅削減成本。 |
| 專用主機 | 針對完全用於執行個體運作的專用實體主機收取費用。可藉由帶入既有的每個通訊端、每個核心或每個 VM 的軟體授權來降低成本。 |
| 專用執行個體 | 依時數，針對執行於單一租戶硬體上的執行個體收取額外費用。 |
| 容量預留 | 針對特定可用區域之 EC2 執行個體，預留任意期間的容量。以 1~3 年期間的持續使用而言，適合採取預留執行個體，但若是在不到 1 年的期間內確實要使用，則可選擇預留容量。 |

妥善運用 EC2，發揮最高成本效益！

**19.2 瞭解執行個體類型**

在本書中使用 EC2 執行個體時，用的都是名為 t2.micro 的執行個體類型。
但其實執行個體還有其他各式各樣的類型可用。

以下就以「T2.micro」為例，解說其名稱各部分所代表的意義。

- T - 家族、系列。應依據使用目的、用途來選擇。
- 2 - 版本、世代。越新的版本、世代，用起來越有效率。
- micro - 大小。有 nano、micro、small、medium、large 等幾種，代表了 vCPU 及記憶體、網路等的性能。

所指定的執行個體系列，決定了用於執行個體的電腦主機硬體。
各類型執行個體的運算、記憶體及儲存等功能都不同，而執行個體的各個系列，就是依據這些功能來區分的。
執行個體的類型，要依據於執行個體上執行之應用程式或軟體的要求來選擇。

以下列出主要的幾個執行個體系列。

## 一般用途

包括 t2、t3、t3a、a1、m4、m5、m5a、m5ad、m5n、m5dn 等系列。

其主要用途如下。

- 網頁伺服器與應用程式伺服器
- 中小型規模的資料庫
- 遊戲伺服器
- 快取機群
- SAP、Microsoft SharePoint、叢集

## 運算最佳化

包括 c4、c5、c5d、c5n 等系列。其主要用途如下。

- 工作負載量大的批次處理
- 媒體檔的轉換
- 高效能的網頁伺服器
- 高效能運算（High Performance Computing，HPC）
- 高效能的專用遊戲伺服器及廣告引擎
- 進行機器學習推理及其他大量演算的應用程式

## 記憶體最佳化

包括 r4、r5、r5a、r5d、r5ad、r5n、r5dn、x1、x1e、z1d 等系列。

其主要用途如下。

- 高效能關聯式（MySQL）及 NoSQL（MongoDB、Cassandra）資料庫。
- 提供鍵值類型資料（Memcached 及 Redis）之記憶體內部快取的分散式 Web 擴展快取存放區。
- 使用最佳化資料儲存體格式和商業智慧分析（例如 SAP HANA 等）的記憶體內部資料庫。
- 執行大型非結構化資料（金融服務、Hadoop/Spark 叢集）之即時處理的應用程式。

## 儲存最佳化

包括 d2、h1、i3、i3en 等系列。其主要用途如下。

- 大量平行處理（MPP）資料倉儲
- MapReduce 和 Hadoop 分散式運算
- 日誌或資料處理應用程式
- 需要以高傳輸量存取大量資料的應用程式
- 高頻率線上交易處理（OLTP）系統
- 資料倉儲應用程式

## 高速運算

包括 f1、g3、g4dn、p2、p3 等系列。其主要用途如下。

- 機器學習
- 需要以 GPU 為基礎之執行個體
- 需要以 FPGA 為基礎之執行個體
- 需要使用 NVIDIA Tesla 的執行個體

## 以 Nitro 為基礎的執行個體

Nitro 系統實現了高效能、高可用性、高安全性，是以 AWS 建構之硬體與軟體的組件集合。此外，由於具備裸機功能，故除了可免除虛擬化開銷外，還支援需完整存取主機硬體的工作負載。

以下的執行個體是以 Nitro 系統為基礎。

- A1、C5、C5d、C5n、G4、I3en、M5、M5a、M5ad、M5d、M5dn、M5n、p3dn.24xlarge、R5、R5a、R5ad、R5d 及 z1d
- 裸機：c5.metal、c5d.metal、c5n.metal、i3.metal、i3en.metal、m5.metal、m5d.metal、r5.metal、r5d.metal、u-6tb1.metal、u-9tb1.metal、u-12tb1.metal、u-18tb1.metal、u-24tb1.metal，以及 z1d.metal

 ## 19.3 瞭解啟動範本的設定項目

關於啟動執行個體時的設定資訊，你其實不必在每次建立 EC2 執行個體時都設定一遍，而是可利用啟動範本，預先做好各項設定。

可預先以啟動範本指定的主要設定包括下列這些。

- AMI ID
- 執行個體類型
- 金鑰對名稱
- 安全群組
- 網路介面

- 子網路
- 自動指派公有 IP
- 儲存體大小
- 磁碟區類型
- 競價型執行個體（Spot 執行個體）的請求

- IAM 執行個體描述檔
- 監控
- 使用者資料

 ## 19.4 各種限制

各個 AWS 帳戶可在各個不同地區執行的隨需執行個體數量是有限制的。

隨需執行個體的限制與執行個體的類型無關，其限制是依照執行中之隨需執行個體所使用的虛擬中央處理單元（vCPU）的數量來進行管理。這就是所謂的基於 vCPU 的執行個體限制。

過去曾針對執行個體的類型來限制執行個體數量，但現在已取消這種限制。

按一下 EC2 儀表板中左側選單的「限制」項目，便可查看目前帳戶所選地區的上限。

## 19.5 瞭解自動淘汰

一旦啟動了 EC2 執行個體的主機硬體被檢測出無法修復的故障問題，AWS 便會安排將執行個體淘汰。而當預定的淘汰日期一到，AWS 就會將執行個體停止或終止。

若執行個體的根裝置是 Amazon EBS 磁碟區，執行個體會被停止，但之後可隨時再啟動。

若執行個體的根裝置是執行個體存放磁碟區，則執行個體會被終止（刪除），且無法再次使用。

對於已預定要淘汰的執行個體，系統會在事件執行之前，寄送一封內含該執行個體 ID 及淘汰日期的電子郵件至根使用者的電子郵件地址。

## 19.6 Amazon Time Sync Service/TimeZone

在本書所使用的 Amazon Linux 2 上，其時間是與 Amazon Time Sync Service 同步的。

我們可用 chronyc sources -v 指令來確認此事。

```
$ chronyc sources -v
210 Number of sources = 5

  .-- Source mode  '^' = server, '=' = peer, '#' = local clock.
 / .- Source state '*' = current synced, '+' = combined , '-' = not combined,
| /   '?' = unreachable, 'x' = time may be in error, '~' = time too variable.
||                                          .- xxxx [ yyyy ] +/- zzzz
||      Reachability register (octal) -.    |  xxxx = adjusted offset,
||      Log2(Polling interval) --.      |   |  yyyy = measured offset,
||                              \  |     |   |  zzzz = estimated error.
||                               | |     |   |     \
MS Name/IP address          Stratum Poll Reach LastRx Last sample
===============================================================================
^* 169.254.169.123               3    4    77     15  -5907ns[+1141us] +/-  508us
^- 162.159.200.123               3    6    17     21  +8133us[+9280us] +/-   61ms
^- jptyo5-ntp-004.aaplimg.c>     1    6    17     21   +610us[+1757us] +/- 1788us
^- 122x215x240x52.ap122.ftt>     2    6    17     21   +123us[+1269us] +/-   39ms
^- kuroa.me                      2    6    17     20    -46us[+1101us] +/-   33ms
```

其中「^* 169.254.169.123」為偏好的時間來源。

接著讓我們來查看一下時區。

```
$ date
Mon Dec 16 11:10:08 UTC 2019
```

時區為 UTC（世界協調時間），和台灣所屬的 CST 時區差了 8 小時。
我們可用以下的方法來更改時區（以改成台灣所屬時區為例）。

```
$ ls /usr/share/zoneinfo/Asia | grep Taipei
Taipei
```

/usr/share/zoneinfo 目錄中存放著所有可設定的時區檔。
而其中的 Asia 子目錄下有 Taipei。

```
$ sudo vim /etc/sysconfig/clock
```

開啟 /etc/sysconfig/clock 檔來編輯。可看到在初始狀態下，指定的是 UTC 時區。

```
ZONE="UTC"
UTC=true
```

將時區設定更改為如下。

```
ZONE="Asia/Taipei"
UTC=true
```

存檔後關閉。

```
$ sudo ln -sf /usr/share/zoneinfo/Asia/Taipei /etc/localtime
```

對 /etc/localtime 建立符號連結。然後重新啟動 EC2 執行個體。

```
$ date
Mon Dec 16 19:21:52 CST 2019
```

時區已改為 CST。

Chapter 19 ／ 進一步瞭解 EC2 執行個體

**19.7 幾種常見問題的疑難排解**

### 19.7.1 執行個體無法啟動

. . . . . . . . . . . . . . . . . . . . . . . . . . . . . . . . . . . . . . . . . . . . . . . . . . . . . . . . . . . . . . . . . . . . . . . . . . . . . . . . . . . . . . . . . . . .

當執行個體無法啟動時,請查看產生的錯誤訊息。

發生 InstanceLimitExceeded 的錯誤時,表示已到達各個帳戶在各個地區的限制。
這時就要請求提高限制。

發生 InsufficientInstanceCapacity 的錯誤時,則有可能是目標可用區域的隨需容量不足。這
時可以等候數分鐘後再嘗試啟動,而若你是指定同時啟動多個執行個體,則可減少執行個體
的數量再啟動試試。
此外,選擇在其他可用區域啟動,或是選用其他的執行個體類型有時也會成功。

### 19.7.2 執行個體從 pending 變成 terminated,很快就被刪除

. . . . . . . . . . . . . . . . . . . . . . . . . . . . . . . . . . . . . . . . . . . . . . . . . . . . . . . . . . . . . . . . . . . . . . . . . . . . . . . . . . . . . . . . . . . .

這有幾個可能的原因。請在管理控制台點選該 EC2 執行個體以進入其詳細頁面。
在下方「詳細資訊」索引標籤中,查看「執行個體詳細資訊」項目下的「狀態轉換原因」、
「狀態轉換訊息」。

顯示 Client.VolumeLimitExceeded: Volume limit exceeded 訊息時,表示附加至 EC2 的
EBS 磁碟區已達到上限。這時就要請求提高限制。

顯示 Client.InternalError: Client error on launch 訊息時,表示根磁碟區被加密,而你沒有
權限可存取解密用的 KMS 金鑰。這時請查看主金鑰的金鑰政策、IAM 使用者的政策。

此外也有可能是啟動並附加新的根磁碟區時,設錯了磁碟區的路徑。
又或是磁碟區損壞。

### 19.7.3 連接 EC2 執行個體時連線逾時

. . . . . . . . . . . . . . . . . . . . . . . . . . . . . . . . . . . . . . . . . . . . . . . . . . . . . . . . . . . . . . . . . . . . . . . . . . . . . . . . . . . . . . . . . . . .

這問題通常出在網路設定。

- 確認子網路的路由表是否設定正確。
- 確認安全群組的傳入流量所許可的連接埠、來源等是否設定正確。
- 查看網路存取控制清單(NACL),確認該連接埠、來源是否被封鎖,傳入和傳出流量部
  分都要確認。
- 若 AWS 的設定沒問題,就要確認用戶端的網路是否被封鎖。

### 19.7.4 無法以 SSH 登入

依據 OS 不同，啟動時的預設使用者也會不同。

- Amazon Linux 2、Amazon Linux 的是 ec2-user
- Ubuntu 的是 ubuntu
- RHEL 的是 ec2-user 或 root
- Debian 的是 admin 或 root
- CentOS 的是 centos
- SUSE 的是 ec2-user 或 root
- Fedora 的是 ec2-user 或 root

在使用者正確的狀態下，從 Mac、Linux 連線登入時，請確認私密金鑰的權限是否為 600。

### 19.7.5 EC2 執行個體停止時，一直卡在 stopping 狀態

在管理控制台點選該 EC2 執行個體後，再次執行「執行個體狀態」-「停止執行個體」，這時若有出現「強制停止」，就選擇「強制停止」。

### 19.7.6 EC2 執行個體的系統日誌

在 EC2 執行個體的系統日誌中所找到的錯誤訊息，有時對於疑難排解會有所幫助。
在接受支援服務時也可能很有用。

點選該 EC2 執行個體後，點選「動作」-「監控和故障診斷」-「取得系統日誌」。

系統日誌便會顯示出來。

## 出現 Out of memory 或 kill process 訊息時

表示記憶體不足。這時可變更執行個體類型以增加記憶體容量，或是增加虛擬記憶體後再進行確認。

## 輸出 I/O error 時

可能是 EBS 磁碟區發生故障問題。

這時可停止 EC2 執行個體，再停止 EBS 磁碟區並建立快照後，再重新建立並附加磁碟區。

## 19.7.7 無法連線 EC2 執行個體

停止 EC2 執行個體後，再重新起動。

而在無法停止也無法強制停止的狀態下，若可以，就從 AMI 再重新建立 EC2 執行個體。

## 19.7.8 查看 Linux 啟動時的事件

Linux 啟動時的核心處理可用 dmesg 指令來查看。

```
$ dmesg

[    0.000000] Linux version 4.14.152-127.182.amzn2.x86_64 (mockbuild@ip-10-0-1-129) (gcc version 7.3.1
              20180712 (Red Hat 7.3.1-6) (GCC)) #1 SMP Thu Nov 14 17:32:43 UTC 2019
[    0.000000] Command line: BOOT_IMAGE=/boot/vmlinuz-4.14.152-127.182.amzn2.x86_64 root=UUID=e8f49d85-
              e739-436f-82ed-d474016253fe ro console=tty0 console=ttyS0,115200n8 net.ifnames=0
              biosdevname=0 nvme_core.io_timeout=4294967295 rd.emergency=poweroff rd.shell=0
[    0.000000] x86/fpu: Supporting XSAVE feature 0x001: 'x87 floating point registers'
[    0.000000] x86/fpu: Supporting XSAVE feature 0x002: 'SSE registers'
[    0.000000] x86/fpu: Supporting XSAVE feature 0x004: 'AVX registers'
[    0.000000] x86/fpu: xstate_offset[2]:  576, xstate_sizes[2]:  256
[    0.000000] x86/fpu: Enabled xstate features 0x7, context size is 832 bytes, using 'standard' format.
[    0.000000] e820: BIOS-provided physical RAM map:
[    0.000000] BIOS-e820: [mem 0x0000000000000000-0x000000000009dfff] usable
[    0.000000] BIOS-e820: [mem 0x000000000009e000-0x000000000009ffff] reserved
[    0.000000] BIOS-e820: [mem 0x00000000000e0000-0x00000000000fffff] reserved
[    0.000000] BIOS-e820: [mem 0x0000000000100000-0x000000003fffffff] usable
[    0.000000] BIOS-e820: [mem 0x00000000fc000000-0x00000000ffffffff] reserved
[    0.000000] NX (Execute Disable) protection: active
[    0.000000] SMBIOS 2.7 present.
[    0.000000] DMI: Xen HVM domU, BIOS 4.2.amazon 08/24/2006
[    0.000000] Hypervisor detected: Xen HVM
[    0.000000] Xen version 4.2.

～省略～
```

## 19.7.9 重新啟動

EC2 執行個體的重新起動，可透過管理控制台或 CLI 等進行。

比起傳統上以 shutdown -r 指令重新啟動 OS 的做法，這類方式具有如下的優點。

- 若執行個體未在 4 分鐘內完全關閉，便會執行硬式重新起動。

- 若有啟用 AWS CloudTrail，則執行個體的重新啟動就會留下記錄，可供追蹤調查。

**透過管理控制台重新啟動**

**透過 AWS CLI 指令重新啟動**

```
aws ec2 reboot-instances --instance-ids <執行個體 ID>
```

 **19.8　替 Amazon Linux 2 安裝 GUI**

你可在 Amazon Linux 2 上執行 GUI（Graphical User Interface，圖形使用者介面），只要利用可於 Amazon Linux 2 上運作的 MATE 桌面環境即可。
而 MATE 其實就是精簡版的 GNOME 桌面環境。

首先用 amazon-linux-extras 指令來安裝 MATE 桌面。

```
$ sudo amazon-linux-extras install mate-desktop1.x

Installing marco, mesa-dri-drivers, mate-session-manager, mate-terminal,
dejavu-sans-fonts, caja, mate-panel, dejavu-sans-mono-fonts, dejavu-serif-fonts

~ 中略 ~

Complete!

~ 後略 ~
```

針對所有使用者，將 MATE 定義為預設桌面。

```
$ sudo bash \
-c 'echo PREFERRED=/usr/bin/mate-session \
> /etc/sysconfig/desktop'
```

安裝 TigerVNC 套件。

```
$ sudo yum install tigervnc-server

Loaded plugins: extras_suggestions, langpacks, priorities, update-motd

~ 中略 ~

Complete!
```

針對使用者設定 VNC 密碼。而對於唯讀的部分，本例選擇不設定密碼。

```
$ vncpasswd

vncpasswd
Password:
Verify:
Would you like to enter a view-only password (y/n)? n
A view-only password is not used
```

新建立 VNC 伺服器用的 systemd 服務單位（Unit）。

```
$ sudo cp \
/lib/systemd/system/vncserver@.service \
/etc/systemd/system/vncserver@.service
```

將 VNC 伺服器用的服務單位中所有的 <USER> 字串都取代為 ssm-user。

```
$ sudo sed \
-i 's/<USER>/ssm-user/' \
/etc/systemd/system/vncserver@.service
```

重新載入 systemd 的管理器設定。

```
$ sudo systemctl daemon-reload
```

啟用服務。

```
$ sudo systemctl enable vncserver@:1

Created symlink from /etc/systemd/system/multi-user.target.wants/vncserver@:1.service to /etc/systemd/system/vncserver@.service.
```

啟動服務。

```
$ sudo systemctl start vncserver@:1
```

然後要在你使用的用戶端中安裝 TigerVNC 用戶端。

TigerVNC 用戶端有提供 Windows 及 MacOS 等不同版本（稍後將分別於 19.8.1 和 19.8.2 中示範 Windows 及 MacOS 的安裝與連線）。

接下來在安全群組中新增許可規則。

在正式營運等講究安全性的環境中，通常會設置成能夠以 SSH 轉發連線的狀態，但本書基於測試目的，故是直接在安全群組將 VNC 的連接埠號碼設為許可連線。

不過為了盡量縮小暴露範圍，還進一步把來源的 IP 位址限制為 1 個。

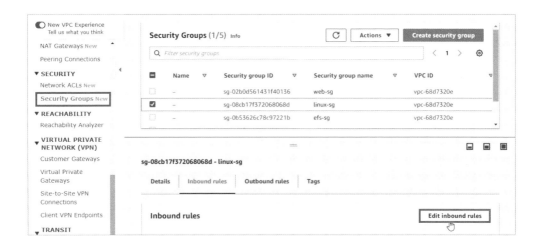

在管理控制台中，進入 VPC 頁面後，於左側選單中點選「Secruity Groups」（安全群組）項目。

選取用於 EC2 執行個體的安全群組，然後在下方的「Inbound rules」（傳入規則）索引標籤中按一下〔Edit inbound rules〕（編輯傳入規則）鈕。

按一下〔Add rule〕（新增規則）鈕以新增傳入規則。

選擇「Custom TCP」（自訂 TCP），指定 5901，來源部分則輸入你目前所用電腦的全域 IP 位址再接著「/32」。

上圖中的 1.2.3.4 會隨每個人的網路環境不同而為不同數字。設定好就按一下〔Save rules〕（儲存規則）鈕。

這樣就完成了伺服端與 AWS 部分的設定。

## 19.8.1 從 Windows 用戶端連接 VNC

以下解説的是從 Windows 用戶端電腦連接 VNC 的步驟。

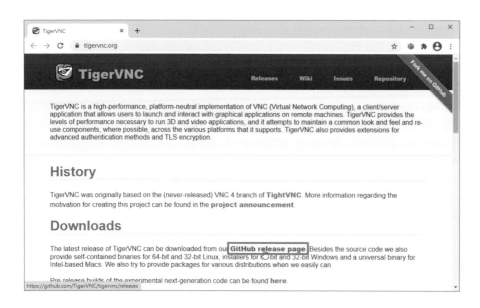

用網頁瀏覽器上網搜尋「TigerVNC」，連至其官方網站。

點按頁面中的「GitHub release page」連結。

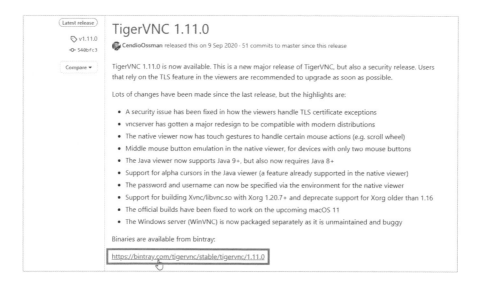

GitHub 的 TigerVNC 頁面中列出的超連結可連往下載檔案處，故請點按該連結。

在本書撰寫期間，其檔案是發佈於 bintray.com。

尋找 Windows 用的 vncviewer.exe 檔。

筆者的 Windows 為 64bit，故下載 vncviewer64-1.11.1.exe。

雙按下載的 vncviewer 檔以啟動並執行該軟體。

在「VNC server」欄位輸入 EC2 執行個體的公有 IP 位址與連接埠編號 5901。

以筆者的環境來說，輸入的是「18.183.113.131:5901」。然後按〔Connect〕（連線）鈕。

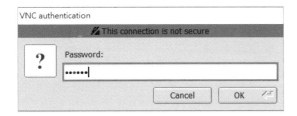

輸入 vncpasswd 設定的密碼。

連線成功。

## 19.8. 2 從 MacOS 連接 VNC

以下解說的是從 MacOS 連接 VNC 的步驟。在 MacOS 中，是從 Finder 的選單來連接 VNC 伺服器。

在 Finder 中選擇「前往」-「連接伺服器」。

輸入「vnc://<EC2 執行個體的公有 IP 位址 >:5901」後，按一下〔連接〕鈕。

以筆者的環境來說，輸入的是「vnc://18.183.113.131:5901」。

輸入 vncpasswd 設定的密碼。

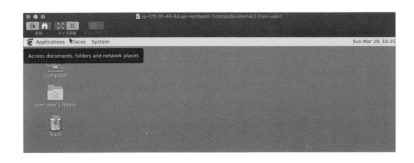

連線成功。

## 19.8.3 設定輔助功能（Accessibility）

在英文中，一般將各種使用者輔助功能（也叫無障礙功能）通稱為 Accessibility。以下就為各位說明關於鍵盤、滑鼠的輔助功能設定。

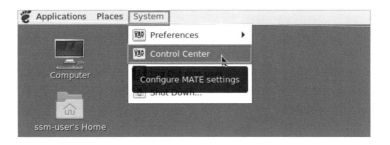

連上 VNC 後，點選「System」（系統）-「Control Center」（控制中心）。

在「Hardware」（硬體）部分點選「Keyboard」（鍵盤）。

- Sticky Keys（黏滯鍵）

  當使用者難以同時按下 Ctrl 鍵等多個按鍵時，可改採依序按下方式的功能。

- Slow Keys（遲緩鍵）

  可以只在為避免按錯而長按時接受輸入。

- Bounce Keys（回鍵）

  可忽略迅速連按多次的動作。

在「Accessibility」索引標籤中有幾項輔助相關設定。

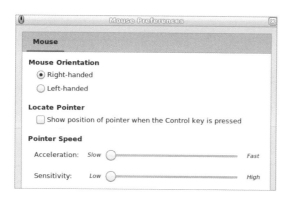

若在「Control Center」（控制中心）點選「Mouse」（滑鼠），則能設定滑鼠的輔助功能。
可調整雙按滑鼠鍵的速度以及滑鼠指標移動的速度等。

 **本地化**

地區設定可用 locale 指令來查看。而 Amazon Linux 2 的初始設定如下。

```
$ locale
LANG=en_US.UTF-8
LC_CTYPE="en_US.UTF-8"
LC_NUMERIC="en_US.UTF-8"
LC_TIME="en_US.UTF-8"
LC_COLLATE="en_US.UTF-8"
LC_MONETARY="en_US.UTF-8"
LC_MESSAGES="en_US.UTF-8"
LC_PAPER="en_US.UTF-8"
LC_NAME="en_US.UTF-8"
LC_ADDRESS="en_US.UTF-8"
LC_TELEPHONE="en_US.UTF-8"
LC_MEASUREMENT="en_US.UTF-8"
LC_IDENTIFICATION="en_US.UTF-8"
LC_ALL=
```

由於這些都是環境變數，故想暫時變更時，就直接覆寫變數值。例如要改成台灣繁體中文的
話，就指定為「 zh_TW.UTF-8 」。

```
$ LANG=zh_TW.UTF-8

$ abc
sh: abc: 命令找不到
```

錯誤訊息也變成繁體中文了。

 **管理電子郵件**

Amazon Linux 2 預設會安裝名為 postfix 的 SMTP 伺服器，並啟動其服務。

```
$ systemctl | grep postfix

postfix.service    loaded active running   Postfix Mail Transport Agent
```

```
$ systemctl status postfix

● postfix.service - Postfix Mail Transport Agent
   Loaded: loaded (/usr/lib/systemd/system/postfix.service; enabled; vendor
preset: disabled)
   Active: active (running) since Sun 2020-03-29 17:04:03 JST; 3h 38min ago
  Process: 3023 ExecStart=/usr/sbin/postfix start (code=exited, status=0/SUCCESS)
  Process: 3014 ExecStartPre=/usr/libexec/postfix/chroot-update (code=exited,
status=0/SUCCESS)
  Process: 3010 ExecStartPre=/usr/libexec/postfix/aliasesdb (code=exited,
status=0/SUCCESS)
 Main PID: 3136 (master)
   CGroup: /system.slice/postfix.service
           ├─ 3136 /usr/libexec/postfix/master -w
           ├─ 3138 qmgr -l -t unix -u
           └─14890 pickup -l -t unix -u
```

由於沒有 mail 指令可供測試，故先進行安裝。

```
$ sudo yum install -y mailx

Loaded plugins: extras_suggestions, langpacks, priorities, update-motd

~中略~

Complete!
```

ssm-user 所收到的郵件位於 /var/spool/mail/ssm-user，雖然也可直接查看，但所有信件都記錄在同一個檔案裡，十分不易閱讀。
因此以下使用 mail 指令來查看。

```
$ mail

Heirloom Mail version 12.5 7/5/10.  Type ? for help.
```

```
"/var/mail/ssm-user": 5 messages 4 unread
>U  1 (Cron Daemon)        Sun Mar 29 18:37  27/1281  "Cron <ssm-user@ip-172-31-45-84> $HOME/work/s3sync.sh"
 U  2 (Cron Daemon)        Sun Mar 29 18:38  27/1272  "Cron <ssm-user@ip-172-31-45-84> $HOME/work/s3sync.sh"
&
```

如上可知收到了 2 封信。而「&」表示系統在等待指令輸入，這時可輸入想要查看的郵件編號。

```
& 2

Message  2:
From ssm-user@ip-172-31-45-84.ap-northeast-1.compute.internal   Sun Mar 29 18:38:02 2020
Return-Path: <ssm-user@ip-172-31-45-84.ap-northeast-1.compute.internal>
X-Original-To: ssm-user
Delivered-To: ssm-user@ip-172-31-45-84.ap-northeast-1.compute.internal
From: "(Cron Daemon)" <ssm-user@ip-172-31-45-84.ap-northeast-1.compute.internal>
To: ssm-user@ip-172-31-45-84.ap-northeast-1.compute.internal
Subject: Cron <ssm-user@ip-172-31-45-84> $HOME/work/s3sync.sh
Content-Type: text/plain; charset=UTF-8
Auto-Submitted: auto-generated
Precedence: bulk
X-Cron-Env: <XDG_SESSION_ID=19>
X-Cron-Env: <XDG_RUNTIME_DIR=/run/user/1001>
X-Cron-Env: <LANG=en_US.UTF-8>
X-Cron-Env: <SHELL=/bin/sh>
X-Cron-Env: <HOME=/home/ssm-user>
X-Cron-Env: <PATH=/usr/bin:/bin>
X-Cron-Env: <LOGNAME=ssm-user>
X-Cron-Env: <USER=ssm-user>
Date: Sun, 29 Mar 2020 18:38:02 +0900 (JST)
Status: RO

warning: Skipping file /home/ssm-user/work/messages. File/Directory is not readable.
warning: Skipping file /home/ssm-user/work/messages.org. File/Directory is not readable.
```

如上，這是由 crontab 發出的關於所執行之 Shell 指令碼的警告訊息。
看完信後，輸入 q 再按一下 Enter 鍵，即可退出。

```
& q
Held 5 messages in /var/mail/ssm-user
You have mail in /var/mail/ssm-user
```

此外還可使用 /etc/aliases 來設定郵件自動轉寄功能。
如下，在此將寄給 ec2-user 的信也轉寄給 ssm-user。首先開啟 etc/aliases 檔來編輯。

Chapter 19 ／ 進一步瞭解 EC2 執行個體

```
$ sudo vim /etc/aliases
```

將如下內容新增於最後一行後，存檔並關閉。

```
ec2-user:         ssm-user, ec2-user
```

接著更新 /etc/aliases.db 資料庫。

```
$ sudo newaliases
```

現在寄一封信給 ec2-user。

```
$ mail -s ec2-user 先生 / 小姐收  ec2-user
ec2-user 先生 / 小姐，您好

.
EOT
```

用 -s 選項指定信件主旨後，緊接著指定收件者的使用者名稱。
然後輸入內文。而輸入「.」表示內文結束，系統就會送出該信件。

```
$ mail
Heirloom Mail version 12.5 7/5/10.  Type ? for help.
"/var/mail/ssm-user": 6 messages 1 new 4 unread
 U  1 (Cron Daemon)        Sun Mar 29 18:37  27/1281  "Cron <ssm-user@ip-172-31-45-84> /home/ssm-user/work/s3sync.sh"
    2 (Cron Daemon)        Sun Mar 29 18:38  27/1273  "Cron <ssm-user@ip-172-31-45-84> $HOME/work/s3sync.sh"
>N 3 ssm-user@ip-172-31-4 Sun Mar 29 21:09 19/861 "ec2-user 先生 / 小姐收 "
&
```

如上以 mail 指令查看，便可確認已收到該郵件。
其中最開頭的「N」代表「New」，表示是新收到的信。「U」則代表「Unread」，表示尚未
閱讀。

```
& 3

Message  3:
From ssm-user@ip-172-31-45-84.ap-northeast-1.compute.internal  Sun Mar 29 21:09:15 2020
Return-Path: <ssm-user@ip-172-31-45-84.ap-northeast-1.compute.internal>
X-Original-To: ec2-user
```

```
Delivered-To: ec2-user@ip-172-31-45-84.ap-northeast-1.compute.internal
Date: Sun, 29 Mar 2020 21:09:15 +0900
To: ec2-user@ip-172-31-45-84.ap-northeast-1.compute.internal
Subject: ec2-user 先生 / 小姐收
User-Agent: Heirloom mailx 12.5 7/5/10
Content-Type: text/plain; charset=utf-8
From: ssm-user@ip-172-31-45-84.ap-northeast-1.compute.internal
Status: R

ec2-user 先生 / 小姐，您好
```

如上輸入郵件編號後，便可看到寄給 ec2-user 的該信件內容。

### 19.10.1 瞭解從 EC2 執行個體向外發送電子郵件時的限制

在預設狀態下，Amazon EC2 會限制所有執行個體的 SMTP（25 號連接埠）的流量。
這是為了避免有人大量利用 EC2 執行個體進行一些像是發送垃圾郵件之類的惱人行為。

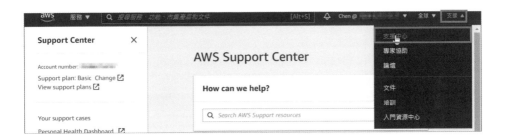

你可在管理控制台中，點選右上角的「支援」-「支援中心」項目，藉由建立支援案例的方式
來申請解除限制。

解除限制時，必須提供 Elastic IP 位址和 DNS 設定資訊。

EC2 是受到保護的，以免被濫用！

## 19.11 管理印表機

### 19.11.1 啟動 CUPS 服務

Amazon Linux 2 採用為許多 Linux 發行版所使用的列印子系統，CUPS。

CUPS 可透過網頁瀏覽器進行設定。不過我們必須先變更 CUPS 的設定，才能從外部進行其設定處理。

CUPS 的設定位於 /etc/cups/cupsd.conf 檔中（譯註：若你的系統中不存在此設定檔，表示系統尚未安裝 CUPS，請先依照稍後 19.11.2 的説明安裝 cups-pdf，便能一併將 CUPS 安裝完成）。

```
$ sudo vim /etc/cups/cupsd.conf
```

在「Listen localhost:631」的最前面加上「#」符號把它註解掉，並於下方加入一行「Listen 631」。

```
#Listen localhost:631
Listen 631
```

另外再加一行如下的設定，避免被強制存取 https。

```
DefaultEncryption Never
```

然後在針對 3 個路徑的存取控制部分，添加 Allow From All 設定。

```
# Restrict access to the server...
<Location />
  Order allow,deny
  Allow From All
</Location>

# Restrict access to the admin pages...
<Location /admin>
  Order allow,deny
  Allow From All
</Location>

# Restrict access to configuration files...
<Location /admin/conf>
  AuthType Default
  Require user @SYSTEM
  Order allow,deny
  Allow From All
</Location>
```

在指定給 EC2 的安全群組中，新增傳入規則，允許來自指定全域 IP 位址的來源透過 631 號連接埠連線。

啟動 CUPS 服務。

```
$ sudo systemctl start cups

$ systemctl status cups

● cups.service - CUPS Printing Service
   Loaded: loaded (/usr/lib/systemd/system/cups.service; enabled; vendor preset: enabled)
   Active: active (running) since Sun 2020-03-29 22:50:02 JST; 2s ago
 Main PID: 23299 (cupsd)
   CGroup: /system.slice/cups.service
           └─23299 /usr/sbin/cupsd -f
```

用網頁瀏覽器連至「http://<EC2 執行個體的公有 IP 位址 >:631」。

設定畫面就顯示出來了。

### 19.11.2 安裝 cups-pdf

為了執行虛擬印刷以達成測試目的，在此要安裝名為 cups-pdf 的 PDF 印表機（能以執行印刷的方式產生 PDF 檔）。

```
$ sudo yum install -y cups-pdf

Loaded plugins: extras_suggestions, langpacks, priorities, update-motd

~中略~
```

```
Complete!
```

確認 cups-pdf 的型號。

```
$ lpinfo -l --make-and-model CUPS-PDF -m
Model:  name = CUPS-PDF.ppd
        natural_language = en
        make-and-model = Generic CUPS-PDF Printer
        device-id = MFG:Generic;MDL:CUPS-PDF Printer;DES:Generic CUPS-PDF Printer;CLS:PRINTER;CMD:POSTSCRIPT;
```

確認 cups-pdf 的 URI。

```
$ sudo lpinfo -l -v | grep cups-pdf
Device: uri = cups-pdf:/
```

將 cups-pdf 登錄為預設印表機。

```
$ sudo lpadmin -p CUPS-PDF -v cups-pdf:/ -m CUPS-PDF.ppd -E
$ sudo lpadmin -d CUPS-PDF
```

然後用 lpr 指令列印。

```
$ lpr ~/work/test.txt
```

依預設設定，PDF 檔會輸出至使用者的主目錄中。

```
$ ls ~ | grep pdf
test.pdf
```

此外還可用 lpq 指令查看列印佇列中是否有累積的工作。

```
$ lpq
CUPS-PDF is ready
no entries
```

而若要刪除列印佇列中的工作，可使用 lprm 指令。

```
$ lprm -
```

Chapter

# 20

完成學習課程後
記得刪除 AWS 資源

# 完成學習課程後記得刪除 AWS 資源

Chapter.20

不再需要的 AWS 資源就要刪掉，以免產生費用。本章便為各位列出本書曾處理過的各個 AWS 資源的刪除步驟。

## 20.1 取消 AMI 的註冊與刪除 EBS 快照

EC2 的 AMI 若不再需要，就要「取消註冊」。
而取消 AMI 的註冊後，別忘了也要刪除與之綁定的 EBS 快照。

在 EC2 儀表板中，點選左側導覽選單「映像」分類下的「AMI」項目，於 AMI 的清單中確認 AMI 的 ID。以此例來說，為「ami-0d64263662eff96eb」。

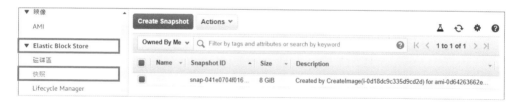

同樣在 EC2 儀表板中，點選左側導覽選單「Elastic Block Store」分類下的「快照」項目，於 EBS 快照的清單中查看「Description」（說明）欄的內容。
在此可看到寫有「for ami-0d64263662eff96eb」的 EBS 快照。

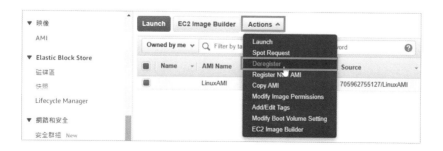

目標對象都已確認完成，就可動手取消 AMI 的註冊。點選欲取消註冊的 AMI 後，再點選「Actions」（動作）-「Deregister」（取消註冊）。

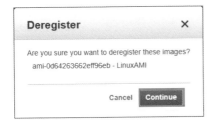

這時會出現確認訊息,請按一下〔Continue〕(繼續)鈕。

AMI 的註冊已取消,清單中不再有該 AMI。

接著點選欲刪除的快照,再點選「Actions」(動作)-「Delete」(刪除)。

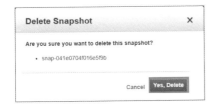

這時也會出現確認訊息,請按一下〔Yes, Delete〕(是,刪除)鈕。

快照已刪除,清單中不再有該快照。

**20.2** 終止 EC2 執行個體（刪除）

不再需要的 EC2 執行個體就予以終止，而 EC2 執行個體的終止就等於刪除之意。

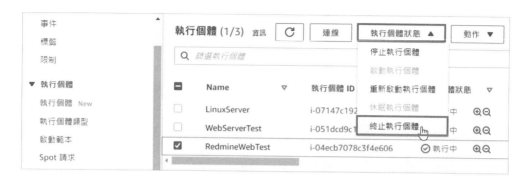

在 EC2 儀表板中，點選左側導覽選單「執行個體」分類下的「執行個體」項目，以顯示出 EC2 執行個體清單。

勾選欲終止（刪除）的執行個體，再點選「執行個體狀態」-「終止執行個體」。

這時會顯示出確認訊息，提醒你終止後將無法復原，

且其 EBS 磁碟區也會一併刪除，請按一下〔終止〕鈕確定刪除。

| | Name ▽ | 執行個體 ID | 執行個體狀態 ▽ | 執行個體類型 ▽ |
|---|---|---|---|---|
| ☐ | LinuxServer | i-07147c1929cbed97c | ⊘ 執行中 ⊕⊖ | t2.micro |
| ☐ | WebServerTest | i-051dcd9c1af188af9 | ⊘ 執行中 ⊕⊖ | t2.micro |
| ☑ | RedmineWebTest | i-04ecb7078c3f4e606 | ⊙ 正在關機 ⊕⊖ | t2.micro |

該 EC2 執行個體的「執行個體狀態」欄顯示為「正在關機」，代表正在刪除中。

當該 EC2 執行個體的「執行個體狀態」欄顯示為「已終止」時，就表示該 EC2 執行個體已完全刪除。

雖然該執行個體還會留在執行個體清單中一段時間，但實際上已確實終止（刪除）。

 ## 20.3 刪除 RDS 執行個體

不再需要的 RDS 執行個體就該予以刪除。

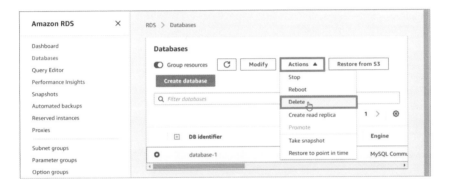

在 RDS 儀表板中，按左側導覽選單的「Databases」（資料庫）項目，以檢視資料庫清單。

接著點選欲刪除的 RDS 執行個體，再點選「Actions」（動作）-「Delete」（刪除）。

這時會顯示出確認刪除的訊息。

若要建立最後的快照（可復原的備份資料）後再刪除，就維持預設設定，並在最下方欄位輸入「delete me」，然後按一下〔Delete〕（刪除）鈕。

Chapter 20 ／ 完成學習課程後記得刪除 AWS 資源

345

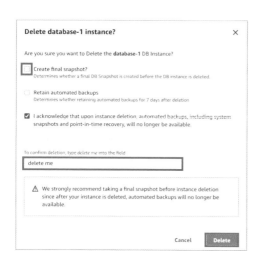

若不要建立最後的快照，則取消「Create final snapshot?」（要建立最後的快照嗎？）項目，勾選「I acknowledge that upon instance deletion, automated backups, including system snapshots and point-in-time recovery, will no longer be available.」（我已瞭解執行個體刪除後，便無法再利用包括系統快照及時間點復原等自動備份功能。）項目，並在最下方欄位輸入「delete me」，然後按一下〔Delete〕（刪除）鈕。

這時系統之所以會跳出訊息一再向你確認，是因為一旦沒留下最後的快照，就再也無法完全復原，故必須讓你確實明白這個狀況才行。

「Status」（狀態）欄顯示為「Deleting」（刪除中）。

已徹底刪除。

## 20.4 刪除 S3 儲存貯體（Bucket）

```
$ aws s3 rb s3://bucket-name --force
```

透過 CLI 執行刪除動作時，加上 --force 選項便可把儲存貯體內的物件也一併刪除。

你也可在管理控制台點選並刪除儲存貯體。

為了避免誤刪，必須輸入儲存貯體名稱後按〔刪除儲存貯體〕鈕才可刪除。

**20.5** 刪除 EFS 檔案系統

不再需要的 EFS 檔案系統就該予以刪除。

在管理控制台的 EFS 頁面中，點選欲刪除的檔案系統後，按一下〔刪除〕鈕。

輸入檔案系統 ID，再按一下〔確認〕鈕才可刪除。

> 辛苦了。若你還有建立其他資源，別忘了都
> 要刪掉，以免產生不必要的費用。

# 使用 AWS 在雲端建置 Linux 伺服器的 20 堂課

作　　者：山下光洋
譯　　者：陳亦苓
企劃編輯：莊吳行世
文字編輯：江雅鈴
設計裝幀：張寶莉
發 行 人：廖文良

發 行 所：碁峰資訊股份有限公司
地　　址：台北市南港區三重路 66 號 7 樓之 6
電　　話：(02)2788-2408
傳　　真：(02)8192-4433
網　　站：www.gotop.com.tw
書　　號：ACA026600
版　　次：2021 年 04 月初版
建議售價：NT$500

國家圖書館出版品預行編目資料

使用 AWS 在雲端建置 Linux 伺服器的 20 堂課 / 山下光洋原著；
　陳亦苓譯. -- 初版. -- 臺北市：碁峰資訊, 2021.04
　　面；　公分
　ISBN 978-986-502-782-7(平裝)
　1.雲端運算　2.作業系統
312.136　　　　　　　　　　　　　　　　　　110004800

## 讀者服務

- 感謝您購買碁峰圖書，如果您對本書的內容或表達上有不清楚的地方或其他建議，請至碁峰網站：「聯絡我們」\「圖書問題」留下您所購買之書籍及問題。(請註明購買書籍之書號及書名，以及問題頁數，以便能儘快為您處理)
http://www.gotop.com.tw

- 售後服務僅限書籍本身內容，若是軟、硬體問題，請您直接與軟體廠商聯絡。

- 若於購買書籍後發現有破損、缺頁、裝訂錯誤之問題，請直接將書寄回更換，並註明您的姓名、連絡電話及地址，將有專人與您連絡補寄商品。